KB230709

아이에게 수학을
가르치는 방법

How to Teach Your Baby Math

아이에게 수학을 가르치는 방법

글렌 도만, 재닛 도만 지음
김수진 옮김

전 세계 가정에 조용한 혁명을 일으킨 자녀교육의 고전

카시오페아
Cassiopeia

2026년, 한국의 부모들에게
다시 보내는 편지

지금 여러분이 들고 있는 이 책은 필자에게 매우 애틋한 책이다. 1979년, 도쿄의 한 호텔에서 필자의 아버지가 집필을 결심한 책이기 때문이다. 아버지는 앉은 자리에서(그렇다고 단숨에 끝내지는 않았지만) 거의 한 번에 집필을 마쳤다. 지금껏 이처럼 대단히 즐거운 마음으로 술술 써 내려간 책은 찾아 보기 어렵다.

이 책은 아주 어린 아기들의 절대적 총명함에 관한 실화다. 이 대목에서 오해의 소지가 없었으면 하는 마음에 분명히 해 두고자 한다. 이 책의 대상은 서너 살 유아가 아니라 아주 어린 아기다.

물론 아기들은 여러 방식으로 총기를 드러낸다. 하지만 수량을 이해하는 능력만큼이나 이를 분명히 보여 주는 것은 없다. 그들은 이런 이해력을 바탕으로 여러분이나 필자 같은 어른이 생각하기에는 어린아이들이 도저히 풀 수 없을 것 같은 문제들을 척 척 해결해 낸다.

이 책은 수십 년 전 아시아에서 처음 출간되자마자 큰 성공을 거두었다. 아시아 어머니들은 다른 어떤 지역의 어머니들보다도 두 팔 벌려 이 책을 받아들였다. 그 결과, 수많은 아기들이 크게 덕을 보았다. 오늘날까지도 우리는 일본과 싱가폴, 인도네시아, 한국의 어머니들로부터 자녀들의 소식을 전해 듣는다. 아이들이 이 책 덕분에 수학을 계속 좋아하게 되었고 뛰어난 수학자가 되었다는 소식 말이다. 이런 편지를 받는 것은 더없이 기쁜 일이다. 필자의 아버지에게도 매우 소중한 선물이었다.

아기에게 몸소 아주 즐겁게 수학을 가르쳐 준 우리 어머니들에게 감사한다. 또한, 우리가 지식을 얻고 도움을 줄 수 있는 특권을 누리게 해 준 많은 뇌손상 아동들에게도 빚진 바가 크다. 이들 덕분에 우리는 아주 어린 아이들이 수량을 인식할 수 있다는 확신을 처음으로 가질 수 있었다. 이런 총명한 아이들이 없었다면 이 책은 세상의 빛을 보지 못했을 것이다.

수학이 어려웠던 어른들에게 보내는 편지

왜 2는 아래에 적고 7은 받아올림 하는지 의아해했던 모두를 이해하는 마음으로 이 책을 우리 모두에게 바친다.

어린 시절, 우리보다 훨씬 크고 위압적인 선생님에게 수학을 배웠던 우리 모두에게 동료애를 느끼면서 이 책을 바친다.

학교 다닐 때 정말로 수학을 좋아하지 않았고, 여전히 수학을 제대로 이해하지 못하며, 여전히 장바구니 계산에 썩 자신이 없는 우리 모두에게 전적으로 공감하면서 이 책을 바친다.

계산기라고 불리는 4달러짜리 플라스틱이, 놀라운 두뇌를 가진 인간은 할 수 없는 일을 해내는 것을 보고 어리둥절했던 우리 모두에게 형제애를 느끼면서 이 책을 바친다.

한마디로 살아 있는 거의 모든 사람, 다시 말해 2세가 넘은 모두에게 이 책을 바친다.

조금의 행운이 따른다면 그리고 아이들에게 어느 정도 관심을 쏟는다면, 우리가 이 운명의 마지막 주자가 될 수 있다.

차례

한국어판에 부쳐 2026년, 한국의 부모들에게 다시 보내는 편지　4

서문 수학이 어려웠던 어른들에게 보내는 편지　6

1장　아이들은 수학머리를 타고난다

✽ 인간의 뇌는 끊임없이 변화한다　13

✽ 어린아이가 수학을 할 수 없다는 당신의 생각은 틀렸다　20

✽ 아이들이 어른보다 쉽고 빠르게 수학을 배울 수 있는 이유　28

✽ 영어나 음악처럼 수학도 일종의 언어로 이루어져 있다　32

2장　아이들은 수학을 배우고 싶어 한다

✽ 아이들은 정말로 태어날 때부터 수학을 싫어할까?　39

✽ 아이를 배움의 진공상태에 가두는 건 바로 부모다　44

✽ 부모는 아이가 배움 자체를 싫어한다고 착각한다　51

✽ 어린아이의 학습 능력은 어른의 선입견을 초월한다　57

✽ 구체적이고 명료한 사실일수록 아이의 학습 능력은 배가된다　65

✽ 수학 학습이 뇌 성장에 영향을 미치는 5가지 이유　73

✽ 영유아는 어떻게 직관적으로 수학을 배우는가?　82

3장 아이에게 수학을 가르치는 5가지 방법

❊ 아이와 수학 수업을 시작하기 위한 워밍업　93

❊ 수학에 눈을 뜨기 위한 1단계: 수량 인식하기　110

❊ 수를 만드는 규칙을 깨우치는 2단계: 등식　120

❊ 배움과 성취의 기쁨을 주는 3단계: 문제 해결　135

❊ 수량을 나타내는 기호를 배우는 4단계: 숫자　161

❊ 고등 수학의 세계로 도약하기 위한 5단계: 숫자로 등식 표현하기　167

4장 연령에 따른 맞춤형 학습 지침

❊ 사물을 인식하는 시각이 발달한다: 신생아 시기의 수학　177

❊ 표현하지는 못해도 읽을 수는 있다: 3~6개월 시기의 수학　186

❊ '관찰자'에서 '탐험가'가 된다: 7~12개월 시기의 수학　190

❊ 활동량이 최고조에 이른다: 12~18개월 시기의 수학　194

❊ 자신만의 관점을 갖기 시작한다: 18~30개월 시기의 수학　197

❊ 결정적 시기는 아직 지나지 않았다: 30개월 이상 시기의 수학　201

❊ 아이에게 수학을 가르치며 우리에게 남은 질문　206

감사의 말　214

부록　218

How to Teach Your Baby Math

1장

아이들은 수학머리를 타고난다

어머니들이 옹기를 짓는 옹기장이라면
아이들은 그 재료가 되는 점토와 같다.
- 위니프레드 색빌 스토너

인간의 뇌는
끊임없이 변화한다

인간의 뇌는 머리의 한가운데를 앞뒤로 가로지르는 선에 의해 좌뇌와 우뇌로 나뉜다. 건강한 인간의 우뇌는 신체의 왼편을 관장하고 좌뇌는 신체의 오른편을 관장한다. 만약 뇌의 어느 한쪽이 심각한 손상을 입는다면 그 결과는 말 그대로 재앙이다. 반대쪽 신체가 마비되고 모든 기능에 심각한 제한이 따른다. 특히 뇌가 손상된 아이들은 어떠한 약물 치료에도 반응하지 않는 지속적이고 심각한 발작을 일으켰으며 조기 사망에 이르는 경우가 허다했다. 당시에는 이런 이야기가 당연하게 여겨졌다.

"뇌세포가 죽으면 뇌가 죽은 것이고, 뇌가 죽어 버린 아동을 위해서는 아무런 일도, 어떠한 치료도 시도할 수 없다."

그러나 1955년 우리 팀의 신경외과 구성원들은 위와 같은 아동들을 대상으로 거의 믿을 수 없을 정도의 놀라운 수술을 시행했다. 바로 대뇌반구절제술hemispherectomy이다. 대뇌반구절제술이란 말 그대로 인간의 뇌 절반을 외과 수술로 제거하는 것이다.

우리는 뇌의 절반은 머릿속에, 수십억 개의 뇌세포로 이루어진 나머지 절반은 죽은 채로 병원의 유리병에 들어 있는 아이들을 목격했다. 그러나 이 아이들은 결코 죽지 않았다. 아이들은 절반의 뇌로 걷고 말하고 학교에 다녔다. 다른 아이들과 비교해 일부는 지능지수가 평균 이상이었고 최소한 한 명 정도는 천재의 범주에 들어갔다.

흔히 통용되는 믿음과 달리 우리는 뇌세포가 10개 정도 죽어 있는 상태는 외부에서 전혀 눈치채지 못할 수 있다고 생각해 왔다. 어쩌면 뇌세포가 수백, 수천 개쯤 죽어 있더라도 알아채지 못할 수 있었다. 그러나 우리의 꿈이 아무리 원대하다 해도 무려 수십억 개의 뇌세포가 죽어 있는 아이가 생명을 유지하면서 평균적인 아이들만큼 건강하거나 더 뛰어날 수도 있다는 사실은 감히 짐작조차 하지 못했다.

이러한 장면을 수없이 지켜보면서 우리는 보통의 아이들을 바라보는 시각에도 새로운 의문을 담기 시작했다. 왜 뇌의 절반을 절제한 조니가 손상되지 않은 뇌를 가진 빌리만큼 잘해 나가고 있을까? 빌리는 어째서 조니의 두 배, 아니 적어도 조니 이상으로 잘하지 못할까? 과연 보통의 아이들은 자신의 능력을 충분히 발휘하고 있는 걸까? 지금껏 한 번도 생각한 적 없던 중요한 질문이었다.

그동안 우리 팀의 비외과 구성원들은 아이들이 어떻게 성장하고 뇌가 어떻게 발달해 나가는지에 관해 훨씬 더 많은 것들을 알아냈다. 정상적인 아이들에 관해 더 많이 알아 갈수록 뇌손상 아동을 정상 상태로 회복시키는 간단한 치료법들도 꾸준히 발달했다. 이내 우리는 꾸준히 발전되고 향상되어 온 간단한 비외과적 치료법을 통해 뇌손상 아동들이 건강을 회복하는 사례를 목격하기 시작했다.

내 아이는 타고난 잠재력을 전부 발휘하고 있을까?

뇌손상 아동이 직면한 복합적인 문제점을 해결하기 위한 방법이나 개념을 자세히 설명하려고 이 책을 쓴 것은 아니다. 그러나 뇌손상 아동의 치료법이 매일 성취도를 높여 간다는 사실은 정상 범주의 아이들도 현재의 모습보다 훨씬 더 발전할 수 있다는 것을 알려 주는 통로가 된다.

얼마 후 우리는 심각한 뇌손상을 입은 아이들이 뇌손상을 전혀 입지 않은 아이들과 비슷한 수행 능력을 보이는 모습까지 목격하기에 이르렀다. 치료법이 점점 더 발전하면서 보통 아이들만큼의 수행 능력을 보일 뿐만 아니라 보통의 아이들과 전혀 구별되지 않는 뇌손상 아동도 나타나기 시작했다. 신경이 어떻게 성장하는지, 신경의 정상 상태란 어떤 것인지 더 잘 이해하게 되면서, 더불어 신경을 정상 상태로 재생시키는 치료법들이 다양하게 개발되면서 이제 뇌손상 아동은 평균 이상의 혹은 월등하고 우수한 수준의 수행 능력을 보이기 시작했다.

우리는 상상 이상으로 흥분했다. 조금은 두렵기까지 했다. 지금껏 우리는 모든 아이의 잠재력을 과소평가하고 있었던 것이다.

이제 자연스럽게 매혹적인 질문이 떠올랐다. 뇌의 절반을 병원 유리병 안에 넣어 둔 앨버트, 완벽하게 정상적인 두뇌를 지닌 빌리, 그리고 수백만 개의 뇌세포가 죽었지만 비외과적인 치료법을 통해 완전히 정상적인 수행 능력을 보이는 찰리, 이렇게 7세 아동 세 명이 우리 눈앞에 있다고 생각해 보자.

뇌의 절반을 절제한 앨버트는 빌리만큼 똑똑했다. 머릿속에 죽은 뇌세포가 수백만 개나 되는 찰리 역시 마찬가지였다. 그렇다면 뇌손상을 입지 않은 보통의 아이인 빌리는 대체 무엇이 문제였던 것일까?

오래도록 연구를 거듭해 오면서 그 어떤 중요한 사건이나 위대한 발견을 목격했을 때보다 더욱 강렬한 떨림을 느꼈다. 그 세월 동안 뇌손상 아동을 둘러싸고 있었던 자욱한 수수께끼의 안개가 점차 걷혔다. 우리가 목격한 것은 전혀 기대하지 않았던 것, 바로 **건강한 아이에 관한 진실**이었다. 뇌손상을 입어 신경 체제가 혼란스러운 아동과 건강한 두뇌를 지니고 있어서 신경 체제가 질서 있는 아동 사이에 논리적인 연관성이 드러났다.

이전에는 건강한 아이에 관해서 서로 연관성 없이 개별적인 사실들만이 존재했다. 그러나 논리적인 연관성이 드러나자 자연스럽게 인간 자체를 탁월하게 변화시킬 수 있을지도 모른다는 생각, 지금보다 더 나은 모습으로 향상시킬 수 있을지도 모른다는 생각이 떠올랐다. 과연 평균적인 아이들의 뇌가 보여 주는 신경 체제가 우리가 가고자 했던 길의 종착역일까?

평균적인 아이들과 비슷하거나 혹은 더 뛰어난 수행 능력을 보이는 뇌손상 아동들이 나타난 이때, 우리 앞에 놓인 길이 훨씬 더 멀리 뻗어 나갈 가능성이 커졌다. 당시에는 신경 발달과 신경의 최종생산물인 능력은 고정적이며 변하지 않는다는 생각이 지배적이었다. 이 아이는 원래 능력이 있고 저 아이는 능력이 없다, 이 아이는 영리하고 저 아이는 영리하지 않다는 식이었다.

그러나 사실은 그렇지 않았다. **우리가 늘 고정되어 변화하지 않는다고 믿어 왔던 신경 발달은 실제로 매우 동적이고 끊임없이**

변화하고 있었다.

심각한 뇌손상을 입은 아이의 신경 발달 과정은 완전히 정지되어 있다. 발달지체 아이의 신경 발달 과정은 상당히 느리게 이루어진다. 보통 아이의 경우 평균적인 속도로 발달이 이루어지고, 우수한 아이의 경우 평균 이상의 속도로 발달한다.

이제 우리는 뇌손상 아동과 평균적인 아동, 우수한 아동을 그저 서로 다른 세 부류의 아동으로 보는 게 아니라, 심각한 뇌손상이 일으킨 극도의 신경 질서 와해부터 경미하거나 보통 수준의 뇌손상이 일으킨 경미한 신경 질서 와해, 보통의 아동이 보여 주는 평균적인 신경 질서, 우수한 아이들이 보여 주는 높은 정도의 신경 질서까지 스펙트럼처럼 분포하는 하나의 연속체로 바라봐야 한다는 사실을 깨닫게 되었다.

심각한 뇌손상 아동은 정지 상태에 이른 신경 발달 과정을 다시 진행시키는 데 성공했고 발달지체 아동의 경우 신경 발달의 속도를 높이는 데 성공했다. 이제 우리는 신경 발달 과정의 속도가 지연될 수도 있고 향상될 수도 있음을 분명히 알게 되었다.

간단한 비외과적 치료를 통해 뇌손상 아동의 신경 질서 와해 상태를 평균적인 수준 혹은 그 이상의 회복 상태로 돌려놓는 데 성공하는 일이 반복되면서 우리는 이 프로그램을 통해 평균적인 아동의 신경 질서도 크게 향상시킬 수 있다는 믿음을 갖게 되었다. 이때 사용된 여러 프로그램 중 하나가 바로 뇌손상 아이에게 읽기를 가르친 것이다.

그리고 건강한 아이에게 읽기를 가르친 것은 여태껏 검증된 신경 질서 향상 프로그램 가운데 가장 뚜렷한 효과를 보여 주었다.

어린아이가 수학을 할 수 없다는 당신의 생각은 틀렸다

사람들 대부분이 그렇듯, 아침 식사와 함께 나의 하루는 유쾌하게 시작된다. 그리고 조간신문을 펼쳐 들면 유쾌함을 덮는 하루치 우울감이 몰려온다. 때때로 신문에는 세상에서 일어나는 참상, 전쟁, 살인, 강간, 잔혹함, 광기, 죽음, 파괴가 장황하게 묘사된다. 그러면 더는 내일이 없을 것만 같은 생각이 든다. 그리고 만약 정말로 내일이 오지 않는다면, 이것이야말로 제일 좋은 뉴스가 아닐까 싶기도 하다.

나는 이런저런 생각을 하면서 신문을 옆으로 치운다. 조간신문이 현실에서 벌어지는 사건들을 보여 주는 건 맞지만, 이 또한 현실의 한 단면일 뿐이다. 게다가 나는 금세 다시 즐거운 관점으로 세상을 바라볼 확실한 방법을 알고 있다.

우리 집에서 100야드 떨어진 곳에 있는 에반 토머스 연구소The Evan Thomas Institute에서는 매력적인 젊은 엄마들과 즐거운 젊은 직원들 그리고 아주 평범하면서도 특별한 영유아들을 만날 수 있다.

나는 연구실 뒤로 조용히 들어가 바닥에 앉아 벽에 등을 기댄다. 그리고 세상에서 가장 중요하고도 조용한 혁명이 일어나는 현장을 지켜본다. 그러면 불과 5분 만에 세상에 대한 희망이 샘솟고, 정신이 번쩍 들고, 시야가 다시 제자리를 찾는다. 그렇게 다시 한 번 멋진 아침이 시작된다.

연구실은 일본식 다다미 바닥에 미닫이문이 있는 쾌적한 일본풍으로 꾸며져 있다. 특별한 사람들이 자리한 이곳에 들어서면 흥분과 사랑, 존중으로 가득 차 있는 분위기를 누구나 피부로 느낄 수 있다.

방 반대편, 나와 정면으로 보이는 곳에는 20대 후반의 연구원 3명이 무릎을 꿇고 앉아 있다. 이들을 가운데 두고 20대 후반에서 30대 초반의 엄마들 20명이 반원형으로 둘러앉아 있다. 엄마들 앞에는 지극히 평범하면서도 매우 특별하고 사랑스러운 2~3세 아이들이 바닥에 앉아 있다. 몇몇 엄마는 아기를 품에 안고 있다. 나 외에도 방에는 대학교수 1명, 교사 2명, 영국 출신 작가 1명, 호주 출신의 소아과 의사 1명, 신입 엄마 1명이 있다. 하지만 우리 관찰자들에게 조금이라도 신경을 쓰는 사람은 없다.

어여쁜 금발의 2세 꼬마 여자아이가 소리 내어 책을 읽고 있다. 아이는 독서에 열중한 나머지 자기 유머 코드에 맞는 구절이 나오면 때때로 키득거리기도 한다.

나는 그 유머를 도통 이해하지 못한다. 아이가 일본어로 읽고 있기 때문이다. 나도 일본 아이들을 대상으로 일본어로 연구하는 경우가 꽤 있지만, 내 일본어 실력은 그 아이의 독서 수준에는 미치지 못한다. 아이가 웃기는 구절을 읽으면 다른 아이들도 함께 웃는다. 아이는 영어가 아니라 일본 학자들이 사용하는 고전 한자(간지)로 쓰인 글을 읽고 있다.

방 안 일본인은 단 한 명뿐이다. 아름다운 기모노를 입은 미키 나가야치 선생님이 중간에 끼어들어 소녀에게 질문한다. 미키 선생님과 아이는 서로 일본어로 묻고 답해서 나는 하나도 알아듣지 못한다. 나중에 미키 선생님에게 두 사람이 무슨 말을 했길래 모두가 재미있어했냐고 물어야겠다.

아이가 읽기를 마치자 연구소장인 재닛 도만이 영어로 질문한다. "재미있는 일본어 문장을 만들어 볼 사람?"

그러자 여기저기서 손을 든다. 재닛이 3세인 마크를 지목하자, 아이는 벌떡 일어나 수지 아이슨의 옆자리로 간다. 연구소 부소장인 수지는 마크 앞에 커다란 카드 더미를 여러 개 놓는다. 카드에는 나로서는 해독할 수 없는 한자어가 하나씩 적혀 있다. 명사도 있고 동사, 관사, 형용사, 부사도 있다.

마크는 카드 여러 장을 골라서 자기가 생각한 순서대로 바닥에 깐 다음, 소리 내어 읽는다. 그러자 모두가 웃는다. 다행스럽게도, 재닛이 번역을 해 준다. 그가 만든 문장은 "무스 사슴이 사과 파이 위에 앉는다."였다.

어떤 2세 아이는 "코끼리가 딸기의 이를 닦는다."라는 문장을 만들었다. 그런 식으로 유쾌한 30분이 순식간에 지나갔다.

연구원들이 자리에서 일어나 엄마들과 아이들을 마주 본다. 그러면 아이들은 아쉽다는 기색이 역력한 채 자리에서 일어선다. 엄마들도 마찬가지다. 그들은 모두 서로에게 우아하게 고개를 숙여 인사한다. 너무나 사랑스러운 광경이라 눈물이 맺힌다. 나는 눈물을 감추기 위해 고개를 숙여 손목시계를 뚫어지게 본다. 문득 웃음소리가 들려서 보니, 생후 15개월 남자아이가 너무 깊이 허리를 숙인 나머지 균형을 잃었던 모양이다. 넘어진 아이도 일어서면서 웃는다.

일본어 수업과 작문 수업을 끝내고 싶지 않은 마음은 그들이 무리 지어 다음 교실로 가면서 잦아든다. 다음은 고급 수학 수업 시간이다.

어린아이는 즐겁게 수학을 익힐 수 있다

1963년 5월, 《아이에게 읽기를 가르치는 방법》이 출판되면서 이 조용한 혁명은 시작되었다. 나는 이후 15년 동안 우리가 얼마나 놀랍도록 멀리 나아왔는지 기억한다.

어린아이에게도 글을 가르칠 수 있을 뿐만 아니라, 학교 제도 안의 7세 아이보다 가정에서 2세 아이에게 더 쉽게, 더 잘 가르칠 수 있다는 사실을 알게 된 엄마들은 단단히 결심했다. 그러자 형언할 수 없으리만치 즐겁고 새로운 세계가 열렸다. 바로 엄마와 아이의 세계다. 이 세계는 아주 짧은 시간 안에, 무한한 방식으로 세상을 변화시킬 잠재력을 품고 있다.

1975년, 똑똑하고 열성적인 젊은 엄마들과 에반 토머스 연구소가 만났다. 양측은 함께 아이들에게 읽기를 가르쳤다. 이들은 함께 아이들에게 영어를 가르쳤고, 다른 언어 2~3개도 가르쳤다. 그들은 아이들에게 수학도 가르쳤는데, 배움의 속도가 믿기 힘들 정도로 빨랐다. 그들은 1~3세 아이들이 새, 꽃, 곤충, 나무, 대통령, 국기, 국가, 지리 등 백과사전적 지식을 흡수하도록 가르쳤다. 또한 체조 및 수영, 바이올린을 가르치기도 했다.

간단히 말해, 그들은 아이가 이해할 수 있도록 정직하고 정확하게 설명할 수 있다면 어떤 것이든 가르칠 수 있다는 사실을 깨달았다.

흥미로운 점은 이렇게 함으로써 아이들의 지능이 크게 높아졌다는 것이다. 또 중요한 점은 이러한 경험이 아이와 엄마에게 지금까지의 경험 가운데 가장 즐겁고 보람 있는 경험이 되었다는 것이다. 서로에 대한 사랑은 물론이고, 어쩌면 그보다 더 중요한 '존중'이라는 감정이 배가되었다.

실제로 에반 토머스 연구소에서는 아이들을 전혀 가르치지 않았다. **대신, 엄마들에게 자녀를 가르치는 법을 교육했다.** 이 젊은 여성들은 인생의 전성기를 사는 이들이었다. 끝이 보이는 시기라기보다는 이제 겨우 시작 지점을 벗어난 시기였다. 이들은 25~32세의 나이에 일본어 말하기와 스페인어 읽기, 바이올린 연주하기, 콘서트와 박물관 관람하기, 체조하기 등을 배웠다. 세상의 여성 대부분이 먼 미래의 일로 희미하게 꿈꾸지만 대부분 실현하지 못하는 멋진 일들을 말이다. 이런 일들을 자신의 어린 자녀와 함께한다는 사실이 이 과정의 기쁨을 배가시켰다. 아이들로부터 도망치려 했던 죄책감은 어느새 자기 자신과 자녀, 세상에 기여하겠다는 자긍심과 고귀한 목적의식으로 마법처럼 바뀌었다.

1년쯤 전 어느 날 아침, 내가 수학 수업에 도착했을 때의 일이다. 수지와 재닛이 어린아이들에게 내가 이해할 수 있는 속도보다 빠르게 수학 문제를 내고 있었다. 아이들은 정답을 맞혔다. 근접한 정도가 아니라 정확한 답을 구했다.

수지가 질문했다. "16 곱하기 19, 빼기 151, 곱하기 3, 더하기 111, 나누기 4, 빼기 51은?"

재닛이 질문했다. "필라델피아에서 시카고까지의 거리는 얼마죠?", "어떤 차가 1갤런에 5마일을 갈 수 있다면, 시카고까지 가는 데 기름이 몇 갤런이나 필요하죠?", "만약 차가 1갤런에 12마일을 간다면 어떨까요?"

문득 머릿속에 줄리오 시미오니라는 아이가 떠올랐다. 그날 나는 아이에게 19의 제곱이 얼마인지 물었었다.

"361이요. 근데 더 큰 수가 나오는 어려운 문제 좀 내 주세요."

"좋아." 나는 머릿속으로 큰 수가 답이 되는 문제를 찾았다. "1,000의 7승에는 0이 몇 개나 있지?" 큰 수를 좋아하는 3세의 줄리오는 몇 초 동안 고민하는가 싶더니 만면에 미소를 띠며 대답했다. "21개요." 나는 자리에 앉아서 1,000의 7승을 적어 보았다. 그랬더니 정말로 0이 21개 있었다.

나는 전에도 이처럼 대단한 일이 일어나는 것을 보았지만, 볼 때마다 새삼스럽게 놀라곤 한다. 그러면서 내일을 맞이하고 살아갈 가치가 있다는 믿음과 마음을 언제나 회복하곤 한다.

10년에 걸쳐 방법을 찾아낸 우리는 마침내 자녀에게 수학을 가르치는 법을 알고 싶은 엄마들에게 그 방법을 교육할 수 있게 되었다. 아이들이 얼마나 비범하게 똑똑한지, 얼마나 쉽게 배우는지를 생각하면 그들을 가르칠 수 있다는 사실이 그리 놀랍지 않다. 정말 놀라운 사실은 따로 있다. 아이들의 부모조차 알지 못했던 방식으로 아이들에게 수학을 가르치는 방법을 우리가 알게 되었다는 것이다.

대체 어떻게 이런 일이 가능했을까? 우리는 어떻게 이 방법을 알게 되었을까?

아이들이 어른보다 쉽고 빠르게 수학을 배울 수 있는 이유

나는 한순간 할 말을 잊었다. 그렇게 간단한 일일 수 있을까? 만약 그렇다면, 수많은 시간 동안 답을 눈앞에 두고도 알아채지 못할 만큼 내가 지독히 어리석었단 말인가? 이것이 사실이라면 나는 정말 바보인 게 분명했다. 나는 차라리 정말로 내가 바보였기를 바랐다.

이 명백한 답은 예상치 못한 장소에서, 예상치 못한 시간에 우연히 발견되었다. 그때 나는 도쿄의 오쿠라 호텔에 머물고 있었고, 아침 6시를 조금 넘긴 시간이었다. 나는 대부분 새벽 2~3시 이후에 잠자리에 들기 때문에, 이렇게 일찍 일어나는 날도 드물었다.

나는 '그 문제'로 머릿속이 꽉 찬 상태로 몇 시간 전에 침대에 누웠었다.

우리 팀은 일본 부모들에게 건강한 아이와 뇌손상 아이의 지능을 높이는 법을 가르치기 위해 매년 2회 이상 도쿄를 방문한다. 우리는 미국에서 상근으로 하던 일을 영국, 아일랜드, 이탈리아, 호주, 브라질에서 매년 두 차례씩 하고 있어서 경험이 매우 많았다. 일본의 부모들 역시 국내외에서 우리가 가르쳤던 다른 부모들과 마찬가지로 눈부신 성과를 내고 있었다.

사실상 모든 아이가 평균적인 아이들보다 훨씬 어린 나이에 글을 읽을 수 있었고, 수많은 주제에 관해 수많은 백과사전적 정보를 머릿속에 저장했다. 아이들은 어른보다 빠른 속도로 수학 문제도 풀었다. 이것은 어른들에게는 놀라운 동시에 다소 당황스러운 사실이었다(반면, 아이들은 어른들이 자신들처럼 문제를 빨리 풀지 못한다는 사실을 몰랐기 때문에 전혀 개의치 않았다).

'아이에게 수학을 가르치는 방법' 수업은 일종의 복습 시간이었다. 사실상 거의 모든 2~3세 아이들이 이미 성공적으로 수학을 잘하고 있었기 때문이다. 기쁘게도 자녀를 가르치는 데 성공한 부모들은 무척이나 주의를 기울여 내 말을 경청했다. 하지만 여전히 '왜 아이들이 부모보다 수학을 더 빨리, 잘 풀 수 있는가'라는 질문에 대한 내 설명은 완전히 이해하지 못했다.

그 이유는 사실 나조차 제대로 이해하지 못한 상태로 설명했기 때문이라는 것을 잘 알았다. 부모들도 우리도 모두 아이들이 수학을 잘 해낼 수 있다는 말이 사실이라는 데는 의심을 품지 않았다. 하지만 부모들도 나도 '왜'라는 물음에 대한 설명에는 만족하지 못했다.

어른과 아이가 수학을 대하는 방식의 차이

단지 아이들에게 수학을 가르치기 위해 우리가 개발한 방식이 색달랐기 때문이었을까? 만약 그게 진짜 답이라면, 왜 여태 단 한 명의 어른도 그 간단한 시스템을 알아내지 못했던 걸까?

나는 그들의 질문에 내가 내놓은 복잡한 답변을 곱씹으며 찜찜한 마음으로 잠자리에 들었다. 그러다가 아침 6시를 몇 분 남겨놓고 정신이 또렷한 상태로 잠에서 깼다(내게는 드문 일이었다).

답이 그렇게 간단하고도 명확할 수 있을까? 나는 이미 100가지에 달하는 훨씬 더 복잡한 답을 고려하고 배제했었다. 아침에 눈을 뜨자마자 내게 찾아온 간결한 해답은 이것이었다.

혹시 우리 어른들은 너무도 오랫동안 (적어도 수학에서는) '사실을 나타내는 기호'에 익숙해져서, 기호가 나타내는 상징만 보고 그 너머의 사실은 인지할 수 없게 된 것이 아닐까? 반면, 아이들

은 '사실 그 자체'를 인지할 수 있는 것이 분명했다. 아이들은 실제로 그렇게 하고 있었기 때문이다.

문득 셜록 홈스가 했던 믿음직한 조언이 떠올랐다. "불가능한 요인을 모두 제거하고 남은 해법은 제아무리 불가능해 보여도 정답일 수밖에 없다." 따라서 그것이 바로 답이었다.

영어나 음악처럼
수학도 일종의 언어로 이루어져 있다

어른들이 이렇게 오랫동안 아이들에게 수학의 비밀을 지켜 온 것 자체가 놀랍다. 똑똑하기 그지없는 어린아이들이 이런 비법을 포착하지 못한 것도 놀랍다. 여태껏 비밀이 누설되지 않은 유일한 이유는, 사실 어른들조차도 그 비밀을 몰랐기 때문이다. 하지만 이제는 모두 밝혀졌다.

가장 중요한 비밀은 바로 아이들 안에 있다. 그동안 어른들은 나이가 들수록 무언가를 배우기 쉬워진다고 믿었다. 물론, 어떤 경우에는 맞는 말이다. 하지만 언어의 경우에는 확실히 틀린 말이다.

언어는 '사실'로 이루어져 있다. 어떤 언어를 이야기하느냐에 따라 우리는 이런 사실들을 단어나 숫자, 음표라고 부른다. 아이들은 순수한 사실을 학습할 때, 우리가 정직하게 사실적으로 제시하기만 한다면 무엇이든 다 배울 수 있다. 더군다나 나이가 어릴수록 배우기는 더 쉽다.

누구나 알고 있듯, 단어는 사실에 입각한 특정한 사물이나 행동, 생각을 나타내는 문자 기호다. 음표는 사실에 입각한 특정한 소리를 나타내는 문자 기호이며, 숫자는 사실에 입각한 특정한 대상의 수를 나타내는 문자 기호다.

독서나 음악, 수학의 경우, 대부분 어른이 아이보다 잘한다. 하지만 개별 단어나 음표, 숫자를 구별하는 작업은 다르다. 충분히 어린 시기에 기회를 주면 모든 아이가 어른보다 훨씬 더 쉽고 빠르게 배운다. 사실을 학습하는 일은 6세보다는 5세에게, 5세보다는 4세에게, 4세보다는 3세에게, 3세보다는 2세에게 더 쉽다. 더 나아가 놀랍게도 2세보다 1세 아기에게 더 쉽다(단, 아이가 2세가 되어 이를 입증할 때까지 충분히 인내할 의향이 있어야 한다).

어릴수록 더 잘 배운다는 사실이 이제 아주 명백해졌다. 존 스튜어트 밀John Stuart Mill은 3세 때 그리스어를 읽을 수 있었다. 유진 오르먼디Eugene Ormandy는 3세에 바이올린을 연주할 수 있었고, 모차르트도 마찬가지였다. 버트런드 러셀Bertrand Russell과 같은 위대한 수학자들도 대부분 어릴 때부터 연산할 수 있었다.

영유아는 수량을 있는 그대로 인식한다

수학 학습의 경우, 사실 어린아이들은 어른들보다 압도적인 이점을 지니고 있다. 단어를 읽을 때 어른들은 힘들이지 않고 기호 또는 사실을 인식한다. 그래서 '냉장고'라는 단어든 '냉장고 그 자체'든 즉각적으로 쉽게 떠올릴 수 있다.

반면 음악 언어를 배우는 일은 아이보다 어른에게 조금 더 어렵다. 악보를 읽을 줄 아는 어른은 음표는 쉽게 읽지만 음표가 나타내는 정확한 소리는 잘 알지 못한다. 그 이유는 음감이 없으면 기호는 볼 줄 알아도 실제 소리는 전혀 구별할 수 없기 때문이다. 음표가 나타내는 정확한 소리를 알아챌 수 있는 '절대음감'을 갖춘 어른은 극히 드물다. 반면, 어린아이들은 큰 노력을 들이지 않고도 절대음감에 가까운 능력을 갖추도록 가르칠 수 있다.

수학의 경우, 영유아가 지닌 이점은 엄청나다. 어른들은 숫자(수량을 나타내는 기호)를 알아보는 데 전혀 어려움이 없다. 1에서 1,000,000까지는 아주 쉽게, 그 이상도 힘들이지 않고 읽어 낸다. 하지만 사물의 실제 수량을 셀 때는 10개 이상부터 신뢰도가 급격히 떨어진다.

반면, 영유아는 숫자뿐만 아니라 사물의 실제 수량도 거의 즉시 알아볼 수 있다. 단 충분히 어렸을 때, 숫자를 배우기 전에 그렇게 해 볼 기회가 있어야 한다. 그러면 영유아는 연산하는 법과 연산에서 일어나는 일을 실제로 이해하는 법을 배울 때 어른보다 놀랄 만큼 유리해진다.

이 책에서 우리는 이런 사실을 거짓말처럼 간단하되 결코 지나치게 단순화하지 않고 몇 장에 걸쳐 짧게 다룰 예정이다. 이 문제는 우리가 여러 해에 걸쳐 오랫동안 고민했던 문제다. 이런 사실을 곰곰이 생각해 본다면 독자 여러분이 궁극적인 이해에 도달하는 데 도움이 될 것이다.

앞으로 다룰 몇 가지 사실은 다음과 같다.

1. 어린아이는 수학을 배우고 싶어 한다.

2. 어린아이는 수학을 배울 수 있다(아이가 어릴수록 배우기 더 쉽다).

3. 어린아이는 수학을 배워야 한다(왜냐하면 더 쉽고 더 잘할 수 있기 때문이다).

위의 세 가지 각각에 대해서는 뒤에서 더 자세히 다룰 예정이다.

How to Teach Your Baby Math

2장

아이들은 수학을
배우고 싶어 한다

아이와 천재에게는 공통된 주요 기관이 있다.
바로 탐구심이다.
아이가 유년기를 유년기 그대로 보내게 하라.
천재성이 시작되는 지점에서 유년기가 시작되었으니,
천재가 발견하는 것을 발견할지도 모른다.
- 에드워드 G. 불워리튼

아이들은 정말로
태어날 때부터 수학을 싫어할까?

물론, 수학의 존재를 알기 전부터 수학을 배우고 싶어 하는 아이는 없다. 대신 아이들은 주변에 있는 모든 것에 대한 정보를 흡수하고 싶어 한다. 적절한 환경만 갖춰진다면, 수학도 그중 하나다.

어린아이의 학습 욕구와 놀라운 학습 능력에 관한 가장 중요한 사항들은 다음과 같다.

1. 학습 과정은 태어나면서, 혹은 그 이전부터 시작된다.

2. 모든 아이는 배움에 대한 열망이 있다.

3. 어린아이는 먹는 것보다 배우는 것을 더 좋아한다.

4. 어린아이는 노는 것보다 배우는 것을 훨씬 더 좋아한다.

5. 어린아이는 성장이 자신의 임무라고 여긴다.

6. 어린아이는 지금 당장 성장하고 싶어 한다.

7. 모든 아이는 학습이 생존 기술이라고 믿는다.

8. 아이들이 그렇게 믿는 것은 옳다.

9. 어린아이는 모든 것을 지금 당장 배우고 싶어 한다.

10. 수학은 배울 가치가 있는 것들 가운데 하나다.

인류 역사상 생후 4개월에서 4세 사이의 아이만큼 호기심이 강한 과학자는 없었다. 하지만 지금껏 어른들은 이러한 아이들의 굉장한 호기심을 '집중력 부족'이라고 오해해 왔다.

아이들을 주의 깊게 관찰하는 것이 우리의 일이었지만, 아이들이 하는 행동에 무슨 의미가 있는지 항상 알아채지만은 못했다. 첫 번째 이유는 많은 사람이 두 가지 전혀 다른 단어를 마치 같은 말인 양 사용하기 때문이었다. 이 두 단어는 바로 학습 learning 과 교육 educating 이다.

일반적으로 학습은 지식을 습득하는 사람 안에서 진행되는 과정을 가리킨다. 반면 교육은 흔히 교사나 학교의 주도로 이루어지는 배움의 과정이다. 누구나 이 차이를 알고 있지만, 실제로는 두 과정을 동일시하는 경우가 많다. 우리가 흔히 정규교육이 시작되는 6세 즈음에 다른 중요한 학습 과정들 역시 시작된다고 생각하는 것도 이 때문이다. 그리고 이것은 사실과는 완전히 동떨어진 이야기다.

아이들은 태어나면서부터 배운다

사실을 말하자면, 어린아이는 태어날 때부터 또는 그 이전부터 학습을 시작한다. 아이는 6세가 되어 학교에 들어가기 전까지 이미 엄청난 양의 정보를 흡수한 상태다. 어쩌면 이때 배운 정보의 양이 남은 인생에서 배우게 될 양보다 더 많을 수도 있다.

아이는 6세가 되기 전에 자기 자신과 가족에 관한 기본적인 사실들을 배운다. 이웃과의 관계, 세상과 그 속에서 자신의 위치를 비롯하여 문자 그대로 '셀 수 없이 많은' 사실을 알게 된다. 가장 중요한 사실은 이 시기에 아이가 최소한 한 가지 언어를 온전하게 배우고, 때로는 하나 이상의 언어도 배운다는 것이다(6세 이후에 아이가 새로운 언어를 완벽하게 배울 가능성은 매우 낮다). 이 모든 일은 아이가 교실에 발을 들여놓기 전에 일어난다.

이처럼 어린 나이에 이루어지는 학습 과정은 어른이 중간에 훼방을 놓지 않는 한 급속도로 진행된다. 만약 어른이 높이 평가하고 격려한다면, 학습은 믿을 수 없는 속도로 이루어진다.

어린아이에게는 내면에서 끓어오르는 무한한 학습 욕구가 있다. 이 욕구를 완전히 죽이는 방법은 아이를 완전히 파멸시키는 것뿐이다.

아이를 고립시키면 불붙은 학습 욕구를 거의 꺼뜨릴 수 있다. 가령, '백치'에 해당하는 13세 아이가 다락방에서 침대에 사슬로 묶여 있는 상태로 발견되었다는 뉴스가 보도되었다고 치자. 추정컨대 그 아이는 백치였기 때문에 그런 취급을 받은 것으로 보인다. 그런데 역으로도 생각할 수 있다. 아이는 침대에 묶여 있었기 때문에 백치가 되었을 가능성이 높다. 이 사실을 제대로 인식하려면, 제정신이 아닌 부모만이 자기 자녀를 침대에 묶어 놓을 수 있다는 점을 알아야 한다. 부모가 정신병자이기 때문에, 사실상 모든 학습 기회를 박탈당했기 때문에 아이는 백치가 된 것이다.

아이들이 배움을 사랑할 수 있게 하라

부모는 경험의 기회를 제한함으로써 아이의 학습 욕구를 약화시킬 수 있다. 안타깝게도 수많은 부모가 아이의 학습 능력을 과소평가함으로써 이런 결과를 가져오고 있다.

반대로 말하면, 아이에게 부과한 수많은 물리적 제약을 없애는 것만으로도 부모는 아이의 학습 능력을 눈에 띄게 증진할 수 있다. 아이의 대단한 학습 능력을 인정하고 무한한 기회를 제공하는 동시에 아이가 배우도록 격려한다면, 아이가 습득하는 지식은 기하급수적으로 늘어날 것이다.

역사를 돌아보면, 어린아이를 인정하고 격려하면서 수학과 외국어, 읽기, 체조와 같은 놀라운 능력들을 가르쳤던 사례들이 드물지만 실제로 존재했다. 이 사례들의 공통점은 아이의 능력을 인정하고 격려했다는 점이다. 발견한 사례를 모두 살펴보면, 이와 같은 환경에서 일찍이 배움의 기회를 얻었던 아이들은 모두 행복하고 정서적으로 안정된, 매우 지능이 높은 아이들로 성장했다.

여기서 반드시 명심해야 할 점이 있다. 이 아이들은 높은 지능을 타고났기 때문에 특별한 학습 기회를 얻은 것이 아니었다. 단지 부모의 결심에 따라 아주 어린 나이에 가능한 한 많은 정보에 노출된 것뿐이었다.

아이를 배움의 진공상태에 가두는 건 바로 부모다

모든 어린아이에게는 학습에 대한 열망이 있고 뛰어난 학습 능력이 있다는 사실을 깨닫게 되면, 부모는 자녀를 사랑하는 것뿐만 아니라 자녀를 존중하게 된다. 부모들이 애초에 이런 사실을 놓쳤다는 사실이 의외일 따름이다.

자, 생후 18개월 아이에게 주의를 기울여 아이가 무엇을 하는지 관찰해 보자. 먼저, 아이는 모든 사람을 정신없게 만든다. 왜 그러는 걸까? 호기심이 끝없이 작동하기 때문이다. 왕성한 학습 욕구 때문에 부모는 아무리 애써도 아이를 말리거나 훈육하거나 선을 넘지 않게 만들 수 없다. 아이는 먹거나 놀기보다 배움을 더 원한다.

아이는 전등, 커피잔, 전기 콘센트, 신문 등 방 안에 있는 모든 물건에 대해 알고 싶어 한다. 이 말인즉, 전등을 두드리고, 커피를 쏟고, 콘센트에 손가락을 집어넣고, 신문을 찢는다는 뜻이다. 아이는 끊임없이 배우고 있지만, 당연하게도 부모는 이를 견디지 못한다.

계속되는 행동 양식을 보며 부모는 자녀를 산만하고 주의력이 부족한 아이라고 결론짓는다. 하지만 사실 아이는 모든 것에 주의를 기울이는 중이다. 아이는 자신이 할 수 있는 모든 방법을 동원해서 세상을 배우는 일에 정신을 집중하고 있다. 아이는 보고, 듣고, 만지고, 냄새를 맡고, 맛을 본다. 뇌로 연결된 이 다섯 가지 경로를 통하지 않고 배울 수 있는 다른 방법은 없다. 그래서 아이는 이 다섯 가지 감각을 총동원한다.

아이는 전등이 보이면 아래로 끌어내려서 만져 보고, 소리를 듣고, 들여다보고, 냄새를 맡고, 맛을 보며 배운다. 방 안에 있는 모든 물건이 마찬가지다. 모든 감각을 동원해서 방 안에 있는 모든 물건에 대해 가능한 모든 것을 습득하지 않고서는 방 밖으로 나가려 하지 않는다. 아이는 최선을 다해 배운다. 물론, 부모는 최선을 다해 아이를 막는다. 이 과정에 너무나 많은 비용이 든다고 여기기 때문이다. 부모들은 어린아이의 호기심에 대처하는 여러 가지 방법을 고안했지만, 안타깝게도 대부분은 아이의 배움을 저해한다.

어떤 장난감은 오히려 아이의 배움을 방해한다

어른들은 모르지만, 아이들은 학습이 인간의 생존 기술임을 안다. 아이의 모든 본능이 이를 알려 준다. 부모는 이런 사실을 잘 인식하지 못하는 탓에, 아이의 배움을 방해하는 여러 방법을 고안해 냈다.

일반적으로 사용하는 첫 번째 방법은 아이가 부수지 못할 물건을 주고 놀게 하는 것이다. 대표적인 물건이 예쁜 분홍색 딸랑이다. 물론, 딸랑이보다 복잡한 장난감도 있지만 장난감은 어디까지나 장난감이다. 이런 물건을 받아 든 아이는 그 즉시 살펴보고(그래서 장난감은 밝고 화사한 색이다), 소리가 나는지 집어 던져 보고(그래서 딸랑이는 소리를 낸다), 만져 보고(그래서 장난감은 가장자리가 날카롭지 않다), 맛을 보고(그래서 장난감에는 무독성 염료가 사용된다), 심지어 냄새도 맡는다(장난감이 어떤 냄새가 나야 하는지는 아직 알아내지 못했다. 그래서 장난감에서는 냄새가 나지 않는다). 이 과정은 대략 90초 정도 걸린다.

이제 장난감에 대해 당장 알고 싶은 모든 것을 알게 된 아이는 곧장 장난감을 버리고 장난감이 들어 있던 상자로 주의를 돌린다. 그는 장난감과 마찬가지로 상자에도 흥미를 보이면서 상자의 모든 것을 속속들이 알아낸다. 부모가 장난감을 살 때 항상 상자에 포장된 것을 사야 하는 이유다. 이 행동에도 90초 정도의 시간이 걸린다. 실제로 아이들이 장난감보다 상자에 더 관심을 가지는 경우도 빈번하다. 상자는 마음대로 부숴도 되기 때문에 어떻게 만들어졌는지 배울 수 있다. 이는 장난감으로는 누릴 수 없는 장점이다. 장난감은 아이가 부술 수 없게 만들기 때문이다. 당연히 이로 인해 아이의 학습은 저해된다.

물론, 아이는 장난감을 장난감으로 보지 않는다. 딸랑이든 상자든, 아이에게는 그저 무언가 배울 것이 있는 새로운 재료일 뿐이다. 곤란하고도 슬픈 사실은 장난감이나 놀이는 모두 어른들이 만든 것이라 아이들의 의욕을 꺾는다는 점이다.

어린아이는 절대 장난감이나 놀이를 만들지 않는다. 그들은 도구를 만든다. 아이에게 나무 조각 하나를 주면 금세 망치가 된다. 그리고 아이는 즉시 망치로 아빠의 체리 나무 테이블을 두들긴다. 아이에게 조개껍데기를 주면 당장 그릇이 된다.

아이들을 유심히 지켜보기만 해도 이와 같은 사례는 수없이 목격할 수 있다. 하지만 눈앞의 모든 증거가 뚜렷한데도 부모는 잘못된 결론을 내리곤 한다. 아이가 집중하는 시간이 짧으면 썩 똑똑한 편이 아니라고 결론짓는다. 이런 추론의 밑바탕에는 아이가 (다른 모든 아이와 마찬가지로) 너무 어리기 때문에 똑똑하지 않다는 생각이 깔려 있다.

그렇다면 만약 2세 아이가 구석에 앉아 방울을 가지고 5시간 동안 조용히 놀고 있다면 부모는 어떤 결론을 내리겠는가? 아마도 이런 아이의 부모는 더 크게 불안해할 것이다.

부모는 아이를 배움의 현장으로부터 고립시킨다

배우고자 하는 아이의 욕구에 대처하는 두 번째 일반적인 방법은 안전 울타리 안에 아이를 가두는 것이다.

안전 울타리에서 제대로 된 부분은 '울타리'라는 명칭뿐이다. 이런 장치들을 이야기할 때는 적어도 솔직해야 한다. 더는 "아이를 위해 안전 울타리를 사러 가자."라는 말은 하지 말아야 한다. 실은 부모 자신을 위해 사는 것임을 인정하자.

안전 울타리가 정말로 어떤 대가를 치르게 하는지 깨닫는 부모는 거의 없다. 아주 명백한 사실이지만, 안전 울타리는 아이의 학습 능력뿐만 아니라 배밀이와 기어다니기처럼 성장에 필수적인 발달조차 제한함으로써 신경 발달 역시 심각하게 저해한다. 그 결과, 아이의 시력과 조작 능력, 손과 눈의 협응력 등 수많은 기능의 발달이 저해된다.

부모들은 자녀가 전선을 씹거나 계단에서 굴러떨어져 다치지 않도록 보호하기 위해 안전 울타리를 사는 것이라고 확신한다. 하지만 아이를 울타리 안에 가두는 진짜 이유는 아이의 안전을 확인할 필요가 없게 하기 위해서이다. 그야말로 '소탐대실'인 셈이다.

학습을 방해하는 도구로서 안전 울타리는 애석하게도 딸랑이보다 훨씬 더 효과적이다. 아이는 엄마가 울타리 안에 넣어 둔 장난감들을 가지고 하나당 90초씩 학습한 다음에는 (학습을 마칠 때마다 하나씩 울타리 밖으로 던진 후) 갇혀서 꼼짝도 못 하기 때문이다.

이렇게 우리는 아이를 물리적으로 가둠으로써 물건을 부수지 못하게 하는 데 성공한다(그러나 물건을 부수는 것도 배움의 한 방식이다). 아이를 물리적, 감정적, 교육적 진공상태로 내모는 이런 접근법은 꺼내 달라는 아이의 울부짖음을 부모가 견딜 수 있는 동안에는, 그리고 아이가 자라서 울타리를 넘어가 새로운 배움을 찾아 나서기 전까지는 유효하다.

그렇다면 이 말은 아이가 전등을 망가뜨리도록 놔두어야 한다는 의미일까? 전혀 그렇지 않다. 다만, 어른들이 그동안 어린아이의 간절한 학습 욕구를 지나치게 무시해 왔다는 이야기를 하는 것이다. 우리는 자녀의 인생에서 학습 욕구가 절정에 달하는 시기에 애써 아이를 학습과 등지게 만들어 버렸다.

태어나 4세까지, 아이들의 정보 습득 능력은 그 어느 때와도 견줄 수 없다. 이 시기의 학습 욕구는 다시 없을 만큼 강하다. 하지만 바로 그런 시기에 우리는 아이를 깔끔하게 유지하고, 잘 먹이고, 세상으로부터 안전하게 지키는 데에만 집중한 나머지 배움에 있어서는 진공상태에 놓이게 한다.

아이러니하게도 부모는 아이가 더 크면 이렇게 이야기하곤 한다. "왜 너는 천문학, 물리학, 생물학을 배우고 싶어 하지 않니?", "배움은 인생에서 가장 중요한 일이야." 하지만 우리는 동전의 이면을 간과하고 있다.

배움은 인생에서 가장 훌륭한 게임이자 가장 재미있는 놀이다. 모든 아이는 태어날 때부터 이런 생각을 가진다. 학습이 매우 힘들고 즐겁지 않은 일이라는 어른들의 설득에 넘어가기 전까지는 그 생각에 변함이 없다. 어떤 아이들은 어른들의 이런 교훈을 끝내 배우지 않고, 사는 내내 배움을 재미있고 유일하게 즐길 가치가 있는 놀이라고 여기며 산다. 이런 사람들을 일컬어 흔히 '천재'라고 한다.

부모는 아이가 배움 자체를 싫어한다고 착각한다

그동안 우리는 아이들이 학습을 싫어한다고 추정했다. 주된 이유는 아이들 대부분이 학교를 싫어하거나 심한 경우 경멸하기 때문이다. 이번에도 우리는 학교교육을 학습이라고 오해하는 오류를 범했다. 하지만 학교에 다니는 모든 아이가 배우고 있는 것은 아니다. 배우는 아이 모두가 학교에서만 배움을 얻는 것도 아니듯 말이다.

내가 초등학교 1학년 때 겪었던 경험은 아마도 수 세기 동안 이어진 전형적인 학교의 모습일 것이다. 일반적으로 선생님들은 우리에게 '자리에 앉아라, 조용히 해라, 주목해라, 경청해라'라고 말했다. 그러면서 가르침이라는 과정을 시작했다. 선생님들은 이 과정이 선생님과 학생에게 서로 고통스럽겠지만 그러면서 우리가 배우는 것이며 안 그러면 벌을 받을 것이라고 했다.

선생님의 예언은 맞아떨어졌다. 수업은 고통스러웠고, 적어도 12년간 나는 매 순간 수업이 싫었다. 확신하건대, 나만의 경험은 아닐 테다. 사람들 대부분이 역시 그랬을 것이다. 선생님은 나를 자리에 앉게 만들고, 조용히 하게 만들고, 선생님에게 주목하게 만들 수는 있었지만, 선생님 말씀을 경청하고 선생님이 이끄는 대로 생각하게 만들지는 못했다.

그 해의 남은 기간 동안 나는 내가 해양 탐험가 자크 쿠스토Jacques Cousteau가 내려가 본 것보다 더 깊은 바닷속에 있다고 상상했다. 에드먼드 힐러리Edmund Hillary가 등반하기도 훨씬 전에 에베레스트산 꼭대기에 올랐고, 나사NASA보다 35년 먼저 달의 뒷면에 도착했다고 상상의 나래를 펼쳤다. 그렇지 않았다면 1세기처럼 느껴졌던 나의 1학년은 참담하기 그지없는 지루한 시간이 되었을 것이다. 이렇듯 상상 속에서 정글을 탐험하다가 희미하게 선생님이 "글렌?"이라며 내 이름을 부르는 소리를 들으면 순간 겁이 났다. 답을 몰라서가 아니라 질문을 몰랐기 때문이었다.

이렇게 나의 개인적인 경험을 자세히 이야기하는 이유는, 내 경험이 일반적일 것이라고 확신하기 때문이다.

아이를 좌절하게 하는 것은 가르침의 방식이다

특히 수학을 배울 때는 더 심했다. 1학년 때 우리는 2×2 = 4 같은 긴 구구단을 외워야만 했다. 나에게는 끔찍이도 지루한 일이었다. 하지만 만약 내가 2세였다면, 그 일은 아주 흥미롭고 훨씬 더 쉬웠을 것이다.

2학년이 되자, 수학이 생각보다 괜찮을지도 모른다는 생각이 들었다. 제대로 곱셈을 배웠던 첫날에는 희망이 보였다.

선생님이 말했다. "이제 23에 17을 곱할 거예요. 먼저, 이렇게 적어 봐요."

선생님은 칠판에 다음과 같이 적었다.

23
×17

이번에는 나도 관심이 생겼다.

"먼저 7 곱하기 3을 합니다. 답이 얼마지, 바비?"

"21이요." 구구단을 외우게 된 바비가 대답했다.

"맞아요. 이제 1을 아래에 적고 2는 받아올림 합니다."

선생님은 그대로 칠판에 적었다.

"왜 그렇게 하는 거예요?" 나는 대단히 흥미로워하며 질문했다.

그러자 선생님이 짜증스러운 기색이 역력한 모습으로 물었다. "뭐가 말이니?"

"왜 1은 아래에 적고 2는 받아올림 하는 건가요?"

"그렇게 하는 것이 맞으니까." 선생님이 말했다.

"다른 친구들은 모두 이해하는 것 같으니 계속하자. 이제 2에 7을 곱합니다. 그러면 얼마가 되지, 엘리너?"

"14입니다."

엘리너의 대답에 선생님은 미소를 지었다. 교실에 멍청한 아이들만 있지는 않다는 사실을 확인한 미소였다.

"이제 받아올림 했던 2를 더해서 나온 16을 여기에 적으면 됩니다."

"왜 그렇게 하나요?" 나는 다시 질문했다.

그러자 선생님은 천천히 내가 있는 쪽으로 몸을 돌렸다. 그리고는 자신의 인내심이 시험받고 있다는 듯이 말했다.

"이번에는 뭐가 알고 싶은 거니, 글렌?"

"받아올림 했던 2를 왜 14에 더해서 16을 만드는 건가요?"

그러자 선생님이 단호한 말투로 말했다. "왜냐면 그렇게 하는 게 맞는 방법이라서 그래."

내 호기심에 불이 붙자, 불길은 걷잡을 수 없게 되었다. 나는 꿋꿋하게 계속 질문했다. "왜 받아올림 했던 2를 빼거나 아니면 1 반대편에 적지 않나요?"

선생님이 말했다. "왜냐면 내가 너보다 어른이니까!"

이 말이야말로 학창 시절에 내가 들었던 것 중에 가장 명확한 대답이었다.

물론, 방금 묘사한 대화가 실제로 오갔던 것은 아니다. 하지만 내가 선생님이 '어른'이라는 사실을 몰랐더라면 묘사했던 그대로 대화가 이루어졌을 것이다. 나는 수학에는 소질이 없었지만, 선생님이 나보다 어른인 것을 모를 정도로 멍청하지는 않았다.

선생님은 1을 그대로 적고 2를 받아올림 하는 이유가 이렇게 하는 것이 맞는 일이기 때문이며, 그것으로 이유가 충분하다고 정말로 믿고 있었다.

확신하건대, 선생님이 이렇게 믿었던 이유는 반세기 전에 그녀의 선생님이 그렇게 가르쳤기 때문일 것이다. 나의 선생님 역시 자신의 선생님이 자기보다 어른이라는 사실을 알았다. '이렇게 하는 것이 올바른 방법'이라는 설명은 내 귀에는 결코 아주 설득력 있거나 아주 논리적으로 들리지 않았다. 지금도 마찬가지다.

내가 늘 수학에 자신이 없는 이유가 아마 이 때문이 아닐까 싶다. 나는 누군가 (특히 나보다 나이 많은 사람이) 맞다고 말하는 것들은 모두 색안경을 끼고 의심한다. 그런 것들이 나중에 틀렸다고 밝혀진 경우가 너무도 많았기 때문이다.

선생님이 어떻게 생각하든 배움은 재미있는 일이다. 그리고 어린아이들은 모두 그것을 알고 있다. 요약하자면, 아이는 모든 것을 배우고 싶어 한다. 지금 당장 배우고 싶어 한다. 그들은 어떤 판단도 하지 않은 채 절대적으로 공정하게 모든 것을 알고 싶어 한다. 거기에는 수학도 포함된다. 수학은 그야말로 배울 가치가 있다.

신기한 점은, 어른들이 배우기 가장 어려워하는 수학이 1세 아이에게는 가장 쉽게 배울 수 있는 것 중 하나라는 점이다.

어린아이의 학습 능력은
어른의 선입견을 초월한다

사람들은 대개 어린아이를 '좋아한다'. 하지만 어린아이를 '존중한다'고 할 만한 어른은 매우 드물다. 그 이유는 어른들이 스스로 모든 면에서 아이들보다 우월하다고 믿기 때문이다. 어른들은 아이들보다 키도 더 크고, 몸무게도 더 나가고, 더 똑똑하다. 여기에 덧붙여 훨씬 더 오만하기까지 하다.

우리가 어린아이보다 키가 크고 더 무거운 것은 사실이다. 그러나 더 똑똑한지는 함부로 결론지어서는 안 된다.

모든 아이는 언어 천재다

언어능력은 아이의 뇌에 내장된 기능이다. 모든 아이가 가지고 있는 특별하고 놀라운 언어 학습 능력을 살펴보자. 믿을 수 없을 정도로 복잡한 이 능력은 흡사 기적과도 같지만 우리는 이 능력을 너무도 당연하게 여긴다. 언어를 이해하고 구사하는 능력은 인간과 지구상의 다른 생물을 뚜렷하게 구별해 주는 요소다.

영어에는 약 45만 개의 단어가 있으며, 상급 수준의 어휘는 약 10만 개에 달한다. 이 단어들을 합치면 사실상 무한개의 조합이 만들어진다.

그럼에도 불구하고, 보통 우리는 대화를 할 때 '말하는 속도대로' 메시지를 암호화한다. 머릿속으로 생각을 한 다음, 말할 때는 흔히 문장이나 문단, 대화가 어떻게 끝날지 모른 채 말한다. 요컨대 말하는 속도대로 메시지를 단어와 문장, 문단으로 암호화하는 것이다. 기적은 여기서 끝나지 않는다. 우리가 말하는 속도에 맞춰 생각을 말로 암호화하듯, 듣는 사람은 마찬가지 속도로 이 메시지를 단어나 문장, 문단 단위로 해독해서 다시 생각으로 바꾼다.

때때로 우리가 서로의 말을 오해하는 것은 놀라운 일이 아니다. 오히려 대부분의 경우 서로의 말을 이해한다는 사실이 숨 막

힐 정도로 놀라운 일이다.

오직 인간의 뇌만이 이런 위대한 업적을 이룰 수 있다. 현존하는 어떤 컴퓨터도, 혹은 모든 컴퓨터를 다 연결하더라도 인간이 나누는 대화나 그와 비슷한 일을 해낼 수는 없을 것이다.

하지만 우리는 이런 능력을 너무나도 당연시한다. 인간의 언어는 워낙 복잡하기에, 성인 가운데 소수만이 외국어를 습득하고, 이보다 더 소수만이 외국어를 완벽하게 배운다.

모든 아이는 2세 이전에 외국어를 배울 수 있다

이런 기적과 같은 말하기 능력은 아이의 뇌에 내장된 기능이다. 어떤 어른이든 평균 수준의 영유아와 언어 학습 경쟁을 한다면, 그 어른은 정말 어리석은 일에 뛰어든 것이다. 어른은 언어 학습에 있어서 결코 아이보다 똑똑하지 않다는 점을 곧 깨닫게 될 테니 말이다.

명심해야 할 사실이 있다. 모든 아이는 2세가 되기 전에 외국어를 배우고, 4세가 되면 이 외국어를 유창하게 말하고, 6세가 되면 (자기 환경에 따라) 완벽하게 구사할 수 있다.

위 말이 의아하게 받아들여진다면 다시 생각해 보자. 오늘날

필라델피아에서 갓 태어난 신생아에게 영어는 특별한 언어나 '모국어'가 아니다. 그 아이에게는 영어도 프랑스어, 독일어, 스와힐리어, 일본어, 포르투갈어와 마찬가지로 처음 듣는 낯선 언어일 뿐이다.

그렇다면 막 태어난 이 아기에게 영어라는 낯선 언어를 학습하는 기적과 같은 방법은 누가 가르쳐 주는 걸까? 오만한 우리 어른들은 종종 이렇게 착각한다. 아이에게 '엄마', '아빠' 같은 단어를 비롯한 언어를 가르치는 것은 자신과 같은 어른들이라고 말이다. 하지만 아이는 단지 어른들이 하는 말을 듣고서 수만 가지 단어를 스스로 배울 뿐이다. 이 과정에는 아이의 뇌, 특히 대뇌피질이 사용된다. 오직 인간만이 대뇌피질을 갖추고 있으며, 오직 인간만이 인위적이고 상징적인 언어로 말한다. 인간만의 독특한 언어 능력은 대뇌피질의 산물이다. 인간의 뇌는 우리에게 언어 능력을 주었고, 인간은 수백 가지 언어를 발명해 냈다.

누구나 알고 있듯, 이중 언어를 사용하는 가정에서 태어난 아이는 2개 국어를 한다. 만약 3개 국어를 하는 가정에서 태어난다면 3개 국어를 한다. 게다가 모국어를 배울 때보다 더 많이 노력해야 하는 것도 아니다.

우리는 이런 믿기지 않는 대단한 일을 너무도 태연하게 받아들이기 때문에, 아이가 말을 하지 않는 경우만 아니라면 언어능력에 대해 거의 생각하지 않는다. 뇌손상으로 아이가 말을 하지 못하면, 그제야 부모는 12,000마일이나 떨어진 필라델피아의 우리 연구소로 아이를 데리고 온다. 이런 부모가 수없이 많으며, 그들은 그제야 비로소 아이가 언어를 배우는 것이 얼마나 큰 기적인지를 인지한다.

어린아이의 학습 능력과 수학 간의 연관성

평균적인 어린아이의 수행 능력을 외국어를 배우려는 어른, 더 나아가 청소년과도 비교해 보자.

이번에도 나의 개인적인 경험이 전형적인 사례일 수 있다. 나는 어렸을 때 프랑스어를 무척이나 배우고 싶어 했다. 당시에는 누구나 나이가 들수록 언어를 배우기가 더 쉽다고 믿었다. 그 결과, 프랑스어는 고등학교에 가서야 배울 수 있었다. 나는 프랑스어를 너무나 배우고 싶었지만, 막상 고등학교에 진학한 후에는 일종의 기록을 세우고 말았다. 프랑스어 과목에서 4년 연속으로 낙제했던 것이다. 그런데 내가 세운 기록은 낙제를 두고 한 말이 아니다. 낙제는 나 말고도 많은 학생이 했기 때문이다. 내가 세운 기록은 고집스러움에 있었다. 4년간 계속해서 노력한 학생은 내가 유일했다. 결국, 우리 반에서 프랑스어 회화를 할 수 있게 된 사람은 아무도 없었다.

당시 선생님이 내게 했던 말이 아직도 기억난다. 선생님은 피곤하다는 듯 눈을 지그시 감으며 말했다. "도만, 네가 만든 문장은 '그가 했을 때 내가 본'이라는 문장처럼 형편없는 비문이야."

아마 나의 프랑스어 선생님은 이미 오래전에 세상을 떠났을 것이다. 또한, 청소년에게 프랑스어를 가르치는 것이 그의 업보가 아닌 것도 확실하다. 그러니 짐머만 선생님은 무덤에서 편히 쉬고 계실 것이다. 내가 프랑스어로 '그가 했을 때 내가 본' 같은 말을 하지 않은 지도 40년이 지났고, 그동안 10여 차례나 프랑스를 여행했지만 지금도 나는 프랑스어를 제대로 구사하지 못한다. 그리고 이것은 내 노력이 부족해서가 아니다. 단지 프랑스어를 배우기 시작한 시기가 너무 늦었을 뿐이다.

프랑스의 평균적인 6세 아이들은 모두 자기가 사는 환경에 따라 프랑스어를 완벽하게 구사한다. 만약 가족들이 프랑스어로 '그가 했을 때 내가 본'과 같은 식으로 말한다면 당연히 그 아이도 그렇게 말하게 된다. 만약 아버지가 소르본 대학교의 프랑스어 학과장이라면, 6세의 꼬마는 미처 선생님을 만나거나 '문법'이라는 말을 들어 보기 전부터 고급 문법을 써 가며 고전 프랑스어를 구사하게 될 것이다.

이게 다 무슨 의미일까? 어린아이의 수학 학습 능력과는 또 무슨 관계가 있는 걸까? 놀랍게도, 모든 면에서 밀접한 관계가 있다.

앞서 말한 사례는 외국어를 배울 때만 통하는 사례가 아니다. 글을 배울 때도 마찬가지다. 수많은 부모가 1~3세의 자녀에게 글을 가르치고 더 나아가 글을 잘 읽을 수 있게 가르치는 데 성공했다. 반면, 모든 학교 제도권 안에서는 30퍼센트에 달하는 아이들이 전혀 읽지 못하거나 자기 학년 수준만큼 읽지 못하고 있다. 필라델피아에는 잼 병에 붙은 라벨조차 읽지 못하는 고등학교 졸업생이 수없이 많다(이 같은 통탄할 만한 상황은 필라델피아에만 국한되지 않는다). 그 아이들도 역시 너무 늦게 배웠을 뿐이다.

그렇다면 수학 능력은 어떨까? 언어 능력이 그렇듯이, 인간의 뇌에는 수학 능력 역시 내장되어 있다.

영어, 프랑스어, 이탈리아어 등 모든 언어에는 '단어'라고 하는 기본 기호들이 수만 개나 있다. 이 단어들이 조합을 이루어 문법이라고 하는 무한하고 복잡한 구문과 문장, 문단의 관계를 만든다. 대부분의 인간은 자라면서 이 기호들을 자연스럽게 습득한다. 반면 수학은 1, 2, 3, 4, 5, 6, 7, 8, 9, 0이라는 단 10개의 기호로 구성된다.

이 시점에서 우리가 던져야 할 질문은 '왜 영유아가 어른보다 수학을 더 빨리, 더 쉽게 배울까'가 아니다. 그보다는 '말로 된 언

어는 자유자재로 구사하는 어른들이 왜 수학은 말보다 더 어려워
할까'라는 의문을 품어야 한다.

구체적이고 명료한 사실일수록 아이의 학습 능력은 배가된다

정직하고 명확한 방식으로 제시된다면 아이에게는 사실상 무엇이든 가르칠 수 있다.

아이에게는 비 오는 날 번개가 번쩍이듯 순식간에 사실을 가르칠 수 있다. 그 자체로 어른의 상상력을 압도할 정도다. 특히나 가르쳐 줄 사실을 정확하고 구체적이며 명료하게 제시하면 아이들은 이를 금세 받아들인다.

단어나 음표, 숫자는 모호하지 않으며 정확한 데다 구체적이다. 적혀 있든 소리로 표현되든 마찬가지다. '코'라고 쓴 단어는 언제나 코를 의미하며, '코'라고 발음한 단어도 언제나 코를 의미한다. 음표로 표시한 '중앙 다 음middle C'은 언제나 중앙 다 음을 뜻하고, 그것이 소리로 들렸을 때도 역시 마찬가지다. '6'이라고 쓴 숫자는 항상 6을 의미하며, 소리 역시 그렇다. 이것들은 사실에 해당한다. 그래서 아이들은 금세 배운다. 아이들이 어릴수록 배우는 속도는 더 빠르다.

문제는 어른들이 정보를 '구체적 정보'와 '추상적 정보'라는 두 종류로 나눈다는 것이다. 구체적 정보는 어른들이 이해하기에 쉽지만, 추상적 정보는 어렵게 느껴진다. 그 이유 때문에 어른은 아이에게 추상적인 개념을 고집스레 가르치려 한다. 반면 정확하고 구체적인 개념들은 아이들이 알아서 배우기를 기대한다.

간단히 말하자면, 우리는 어린아이들에게 사실보다는 의견을 주입시키려 한다. 그리고 결국 그 의견이 틀렸다는 사실을 뒤늦게 알게 된다. 우리가 저지른 이러한 실수의 심각성은 곧 깨닫게 될 것이다.

어린아이들은 모두 3세가 되기 전에 수천 개의 단어를 배우며, 수많은 아이들이 읽는 법을 배운다. 이것은 우리가 아이에게 무엇이든 가르칠 수 있다는 결정적인 증거다. 여기에는 훨씬 더 단순하고, 사실에 입각한 언어인 수학도 포함된다.

명확한 증거를 눈앞에 두고도 잘못된 믿음은 좀처럼 깨지지 않는다. 그중에서도 가장 완고한 신화는 '나이가 들수록 배움이 쉬워진다'라는 신화다. 사실은 정확히 반대다. 지혜는 나이가 들수록 늘지만, 사실을 받아들이고 저장하는 능력은 어릴수록 더 뛰어나다.

지금쯤이면 독자들도 명백히 알 것이다. 우리는 모든 아이의 학습 능력과 모든 부모의 가르칠 수 있는 능력을 경외에 가까울 정도로 존중해야 한다.

물론, 나는 10층 난간에서 떨어지지 않게 몸을 지탱하거나 물에 빠지지 않도록 스스로를 지킬 수 있는 현명한 2세 아이는 본 적이 없다. 어린아이에게는 그만한 지혜가 없다. 하지만 어린아이에게는 날것의 방대한 사실을 있는 그대로 수용하는 놀라운 능력이 있다. 게다가 이 능력은 아이가 어릴수록 극대화된다.

또 한 가지 놀라운 사실은 어린아이에게 사실을 묶음으로 가르칠 때 벌어지는 일이다. 어린아이는 '사실 묶음'을 아주 쉽게 배운다. 그리고 1세 아이는 7세 아이보다 더 쉽게 배운다. 이것은 아이의 뇌가 그렇기 때문이다.

'사실 묶음'은 연관된 사실들의 모음을 뜻한다. 가령, 미국 역대 대통령들의 초상화라든지, 각기 다른 나라의 국기가 그려진 카드 세트라든지, 서로 다른 수량의 물건이 그려진 카드 세트는 하나의 주제 안에서 연관된 일련의 사실을 모아 놓은 것이다.

어린아이에게 여러 사실을 위와 같이 '하나의 세트'로 제시하는 데는 큰 이점이 있다. 바로 아이의 나이가 어릴수록, 즉 아이가 7세일 때보다 1세일 때 더 빠르게 사실들의 모음을 학습한다는 사실이다. 이 점은 우리 연구소에서도 여러 차례 입증되었다. 가정에서 아이에게 '사실 묶음'을 가르쳐 본 엄마들은 아이의 나이가 어릴수록 잘 배우고 더 오래 기억한다는 사실을 발견했다. 반면 그 사실들을 가르치는 엄마는 가장 느리게 배우고 빨리 잊어버렸다. 우리 연구소의 직원들도 마찬가지였다. 그들은 이 사실을 확인하고는 당황스러움과 기쁨이 교차하는 양가적 감정을 느꼈다고 말했다.

이렇게 어린아이들에게 다양한 '사실 묶음'을 제시했을 때, 이 현상이 가장 뚜렷하게 드러나는 분야는 단연코 수학이었다. 아이들은 어떻게 이런 일을 해낼 수 있는 걸까?

아이는 사실 묶음 속 규칙을 직관적으로 안다

이 책에서 논하는 모든 비범한 주장들 가운데, 요란하지 않은 이 내용이 어쩌면 가장 중요할지도 모르겠다. 조금 달리 표현하자면, 어떤 지식 체계에 속한 사실들을 아이에게 가르치면 아이는 그 체계가 작동하는 방식, 즉 그 안의 규칙들을 스스로 발견해낸다. 어린아이들이 저지르는 문법 실수 안에서 이를 잘 보여 주는 훌륭한 예를 찾아볼 수 있다. 이 역설은 러시아의 뛰어난 작가

코르네이 추콥스키Kornei Chukovski가 그의 책《두 살에서 다섯 살까지》에서 지적한 것이다.

3세 아이가 창밖을 보며 말한다. "우편 배달가 아저씨 와요."

그러면 우리가 묻는다. "누가 온다고?"

아이가 답한다. "우편 배달가요."

창밖을 보니 우편 배달부가 보인다. 우리는 어린아이다운 실수에 재미있어하면서 아이에게 우편 배달가가 아니라 우편 배달부라고 해야 한다고 가르쳐 준다.

그런 다음, 이 문제는 우리의 뇌리에서 깨끗이 지워진다. 그런데 다른 경우를 가정해 보자. 만약 우리가 이 일을 그냥 흘려보내는 대신 이런 의문을 품는다면 어떨까? '대체 아이가 우편 배달가라는 단어를 어떻게 알게 된 거지?'

분명 어른이 그 아이에게 우편 배달가라는 말을 가르치진 않았을 테다. 그렇다면 이 단어는 대체 어디서 나온 말일까? 나는 15년간 이 문제를 생각해 왔고, 이제 하나의 결론에 도달했다. 그 3세 아이는 언어를 스스로 분석해 규칙을 발견한 것이다. 바로 그리다, 탐험하다, 발명하다 같은 어떤 동사들의 어미에 '가'를 붙이면 화가, 탐험가, 발명가 같은 명사가 된다는 규칙 말이다. 이것은 굉장한 성과다.

당신이 마지막으로 언어를 분석해서 문법의 규칙을 발견해 본 때는 언제인가? 혹시 3세 때가 아니었을까? 물론 아이의 대답은 틀렸다. 정확한 단어는 우편 배달부이니 말이다. 하지만 아이가 발견한 문법 규칙은 맞았다. 아이는 자신이 발견한 문법 규칙을 올바르게 적용했다.

문제는 언어란 불규칙해서 추론해 낸 규칙이 틀릴 때가 있다는 점에 있다. 만약 모든 언어의 문법이 일관적이고 규칙적이었다면 3세 아이의 말은 옳았을 것이다.

어린아이에게는 사실을 가르치면 그 안에서 규칙을 스스로 발견해 내는 어마어마한 능력이 있다. 그럼에도 추상적인 규칙들만 가르친다면 아이는 구체적인 사실을 결코 발견할 수 없다. 이제 이 내용을 수학에 적용해 보자.

먼저, 수학이라는 체계 자체는 인간의 뇌에 내장된 기능이 아니다. 인간은 수학을 '발명'했고, 그 가르침의 방식 역시 불완전하다. 모든 인간이 언어를 발명한 것과는 달리, 모든 인간이 수학을 발명한 것은 아니다. 인간이 속해 살았던 여러 부족 중에는 브라질 싱구 지역의 몇몇 부족처럼 전혀 셈을 하지 않는 경우도 있고, 다섯까지만 세는 경우도 있다.

아이에게 수학적 사실을 가르치고, 기호로서의 숫자 '1, 2, 3, 4, 5, 6…'이나 로마자 'I, II, III, IV, V, VI…'이 아닌 '하나, 둘, 셋, 넷…' 같은 수의 개념을 가르친다면 아이는 덧셈, 뺄셈, 곱셈, 나

뺄셈, 대수학 등으로 불리는 수학적 규칙들을 스스로 발견해 낸다. 구체적인 방법론은 3장 '아이에게 수학을 가르치는 5가지 방법'에서 다룰 예정이다(앞으로 사용하게 될 단어 수number는 실제 수량이나 참된 값을 의미하며, 숫자numeral라는 단어는 그 수량을 나타내기 위해 사용하는 기호를 뜻한다).

인간은 이론이나 이유에 매몰되어 있어서 현실을 잘 보지 못하는 경향이 있다. 이 책의 일부 내용도 현실을 이해하고 설명하려는 나의 욕구에서 비롯되었는지 모른다.

우리는 현실을 보는 눈을 잃지 않게 하기 위해 'W, K, I, I, S, B, W, D, I'라는 줄임말이 적힌 표지판을 하나 만들었다. 모든 학생은 수업 첫날에 이 줄임말을 받아적어야 한다.

다음은 연구소 직원들, 부모님, 전문가, 학생 사이에 아주 흔히 오가는 대화다.

학생: 그런데 어린아이에게 수학(읽기, 일본어 회화, 바이올린 연주 등)을 가르칠 수 있는지 어떻게 아세요?

강사: 라이트형제는 그들이 하늘을 날 수 있는지 어떻게 알았을까요?

학생: 음, 결국 해냈으니까 안 것 아닐까요?

강사: 맞아요. 우리도 마찬가지랍니다.

W, K, I, I, S, B, W, D, I는 다음을 의미한다.

'We Know It Is So Because We Do It.'

(우리는 그렇게 하기 때문에 그것이 사실임을 안다.)

어린아이는 어른보다 수학을 더 쉽게 하고, 더 잘한다. 현재 수많은 어린아이가 수학을 하고 있을 뿐만 아니라, 그 안에서 무슨 일이 벌어지고 있는지 제대로 이해하며 하고 있다. 반면, 실제로 수학에서 무슨 일이 벌어지는지를 제대로 이해하는 어른은 극소수에 불과하다.

수학 학습이 뇌 성장에 영향을 미치는 5가지 이유

어린아이들이 수학을 배워야 하는 데는 아주 중요한 두 가지 이유가 있다. 첫 번째 이유는 명백하지만 덜 중요하다. 수학은 인간의 뇌가 가진 가장 고도의 기능 중 하나이기 때문이다. 지구상의 모든 생물 가운데 오직 인간만이 수학을 할 수 있다.

수학은 문명화된 인간 생활에 일상적으로 없어서는 안 되는 요소이자 삶에서 가장 중요한 기능 중 하나다. 유년기부터 노년기에 이르기까지 사는 내내 우리는 수학과 관련되어 있다. 학교에 다니는 아이는 매일 수학 문제에 직면한다. 주부, 목수, 사업가, 천문학자도 마찬가지다.

두 번째 이유는 훨씬 더 중요하다. 아이들이 가능한 한 어린 나이에 수학을 배워야 하는 이유는 이것이 뇌의 물리적 성장뿐만 아니라 물리적 성장의 산물인 지능에도 영향을 주기 때문이다.

우리는 인간의 뇌가 어떻게 성장하는지 파악하기 위해 35년을 바쳤다. 그 결과, 뇌 성장과 관련된 매우 중요한 다섯 가지 사실을 알게 되었다.

1. 기능이 구조를 결정한다

이것은 건축, 공학, 의학, 인간 성장에 있어서 오래전부터 잘 알려진 법칙이다. 인간의 맥락에서 이 법칙은 '나의 행동이 나의 모습을 결정한다'라는 뜻이다.

벌목꾼들은 매일 많은 나무를 베기 때문에 다부진 근육질의 몸을 갖게 된다. 몸을 쓰지 않아도 되는 삶을 영위하는 사람들은 몸이 부드럽고 근육도 발달하지 않는다. 이 법칙은 이두근이 성장하는 모습을 보면 쉽게 알 수 있다. 웨이트 트레이닝을 떠올려보자. 만약 내가 매일 25파운드의 무게를 들어 올린다면 내 이두근은 성장할 것이다. 만약 당신이 매일 50파운드의 무게를 들어 올린다면 당신의 이두근은 나보다 훨씬 더 성장할 것이다.

이때 당신에게는 두 가지 이점이 생긴다. 첫째, 나보다 두 배 더 무거운 물체를 들어 올릴 수 있게 된다. 둘째, 두 사람 모두 25

파운드를 추가해서 들어야 하는 경우, 나는 내 능력을 두 배로 높여야 하겠지만 당신은 50퍼센트만 높이면 된다. 근성장의 맥락에서는 이 원리가 잘 알려져 있고 쉽게 이해된다. 반면, 뇌에도이 원리가 적용된다는 사실은 잘 알려지지도, 쉽게 이해되지도 않는다.

2. 근육처럼 뇌도 쓰는 만큼 성장한다

우리 뇌의 뒤쪽 절반은 감각 정보가 들어오는 신경 경로들로 이루어져 있다. 이 경로들은 다섯 가지 감각에 따라 나눌 수 있다. 알베르트 아인슈타인이나 레오나르도 다빈치가 사는 동안 배웠던 모든 것, 당신이나 어린아이들이 사는 동안 배운 모든 것은 이 다섯 가지 경로를 통해 뇌에 입력됐다. 우리는 이 경로들을 통해 보고, 듣고, 맛보고, 맡고, 느낀다.

이 다섯 가지 경로, 다시 말해 시각, 청각, 미각, 후각, 촉각을 통해 전달되는 메시지가 많을수록 이 경로들은 더 크게 성장하고 더 잘 작동한다. 반대로 전달되는 메시지가 적을수록 경로는 느리게 성장하고 비효율적으로 작동한다. 감각 경로에 아무런 자극도 전달되지 않으면 성장은 거의 이루어질 수 없다.

앞서 우리는 다락방 침대에 사슬로 묶인 채 발견된 13세 백치 아이의 이야기를 살펴보았다. 아이가 백치가 된 정확한 이유는 침대에 묶여 있었기 때문이었다.

건강한 아이는 이 모든 감각 경로가 온전하되 미성숙한 상태로 태어난다(이 경로들이 뇌의 절반을 구성한다는 사실을 기억해야 한다). 정확히 말하면 감각 경로를 지나는 빛, 소리, 냄새, 맛, 감촉 자극이 감각 경로를 성장시키고 성숙시켜서 점점 효율적으로 만든다. 아이가 가능한 한 어렸을 때 글을 읽고, 수학과 외국어를 배우고, 예술을 감상하고, 최대한 많은 감각적 활동을 시작해야 하는 이유는 이 때문이다.

가령, 읽기는 실제로 시각 경로를 성장시킨다. 훌륭한 음악을 들으면 청각 경로가 성장한다. 말이 나왔으니 하는 이야기지만, 부모가 아이에게 끊임없이 말을 해야 하는 이유도 이 때문이다.

이 시점에서 '내용'에 대한 문제를 살펴보자. 아이에게 전달되는 메시지의 내용은 그 양만큼이나 중요하다. 좋은 언어일수록 아이의 뇌에 쉽게 입력된다. 베토벤의 작품은 동요만큼 쉽게, 위대한 미술 작품은 만화만큼 쉽게 입력된다. 가능성은 무한하다.

'읽기 준비도reading readiness'란 없다. 아이가 5~6세나 되어야 읽을 준비가 된다는 말은 터무니없을 뿐만 아니라 아이들에게 매우 위험하다. '읽을 준비'는 아이들 안에서 형성되는 것이다. 우연히든,

의도적으로든 적절한 자극과 경험을 통해 이 상태가 형성되지 않으면 '읽을 준비'는 영원히 이루어지지 않는다. 침대에 묶여 있었던 아이의 사례가 그 증거다.

뇌는 사용해야 성장한다는 사실이 신경생리학자들에게 알려진 시기는 반세기 전이다. 이는 수많은 동물 실험으로 입증된 사실이다. 이 분야의 위대한 과학자들 가운데 러시아의 보리스 클로솝스키Boris Klosovskii와 미국의 데이비드 크레치David Krech와 같은 천재 과학자들의 성과는 특히 주목할 만하다.

버클리의 크레치 연구팀은 수년에 걸쳐 실험을 진행했다. 태어난 지 얼마 안 된 쥐를 두 그룹으로 나누어 한 그룹은 보거나, 느끼거나, 듣거나, 맛보거나, 맡을 것이 거의 없이 감각적으로 박탈된 환경에서 키웠다. 다른 그룹은 보고, 느끼고, 듣고, 맛보고, 맡을 것이 아주 많아 감각적으로 풍요로운 환경에서 키웠다. 그런 다음, 정상적인 생활 환경에서 쥐들의 지능을 검사하고 키와 몸무게를 측정했으며 현미경으로 뇌를 조사했다.

연구팀의 결론에 따르면, 감각이 박탈된 환경에서 자란 쥐의 뇌는 크기가 작고 발달하지 않았으며 우둔했던 반면, 풍요로운 감각 환경에서 자란 쥐는 뇌의 크기가 크고 고도로 발달했으며 지능도 높았다. 이와 유사한 결론이 나온 실험은 크레치의 연구 외에도 무수히 많다.

뇌의 후면부 절반이 감각 경로들로 이루어져 있다면, 전면부 절반은 뇌로 들어오는 정보에 반응하는 운동 경로들로 이루어져 있다. 이 경로들 역시 사용해야 성장한다. 따라서 나이에 따른 '신체 준비도'라는 개념 또한 말이 안 되는 소리다. 어린아이는 1~2세만 되어도 수영, 체조, 춤 등 모든 가치 있는 신체 활동을 할 수 있고 또 해야 한다. 왜냐하면, 아이는 충분히 할 수 있으며 몸과 뇌는 신체 활동을 통해 성장하기 때문이다. 지능 역시 마찬가지다.

3. 뇌는 담을수록 더 많이 들어가는 그릇이다

앞서 살펴보았듯, 뇌는 사용해야 성장하고, 많이 쓸수록 기능이 좋아진다. 그렇다면 뇌 성장에도 한계가 있을까?

사실상, 가장 발달한 인간의 뇌에는 온전히 기능하는 뉴런이 100억 개 이상 있다. 이 뉴런들은 하나하나가 수백 개에서 수천 개에 달하는 다른 뉴런들과 상호 연결되어 있다. 이렇게 만들어지는 조합과 배열의 수는 (일부 이론 수학자들을 제외하면) 상상할 수 없을 정도의 양이다. 인간의 관점으로 보았을 때, 뇌의 가능성은 사실상 무한하다고 할 수 있다.

뇌는 우리가 평생을 바쳐도 다 채울 수 없는 그릇이다. 그리고 많이 넣을수록 더 잘 작동한다. 그리고 수학은, 어린아이의 뇌에 넣을 수 있는 가장 유용한 자극 중 하나다.

4. 뇌의 각 기능은 다른 기능에도 영향을 미친다

인간에게는 고유한 여섯 가지 기능이 있다. 모두 인간만이 가지고 있는 대뇌피질의 기능이다. 이들 중 첫 세 가지 기능은 본질적으로 '운동 기능'이다.

1. 이동: 인간만이 두 발로 서서 반대쪽 팔과 다리를 교차하며 걷는다.
2. 언어: 인간만이 생각과 감정을 전달하는 상징 언어를 고안하여 사용한다.
3. 손 조작 능력: 인간만이 엄지와 검지를 맞대어 자신이 발명한 상징 언어를 적을 수 있다.

이러한 운동 기능들은 세 가지 고유한 '감각기능'을 바탕으로 한다.

4. 시각: 인간만이 자신이 발명한 상징 언어를 읽을 수 있다.

5. 청력: 인간만이 자신이 발명한 상징 언어를 듣고 이해할 수 있다.

6. 촉각: 인간만이 손의 감각만으로 복잡한 사물의 정체를 판별할 수 있다.

이 기능들은 서로 긴밀하게 연결되어 있다. 각각의 기능을 쇠사슬로 연결된 대포알이라고 상상해 보자. 대포알 하나를 아주 높이 올리면 나머지 대포알도 어느 정도는 끌려 올라가지 않을 수 없다. 마찬가지로, 읽기의 언어를 아는 아이에게 수학의 언어가 더 쉽게 느껴지는 것은 당연하다.

반대로, 이 기능들 가운데 하나를 억제하면 나머지 기능들도 어느 정도 억제된다. 가령, 시각장애가 있는 아이는 앞이 보이는 아이만큼 잘 달리지 못한다.

5. 지능은 사고의 결과물이다

그동안 세상은 이 문제를 정확히 거꾸로 바라보았다. 사고를 지능의 결과물로 생각한 것이다. 물론, 지능이 없으면 생각할 수 없다. 하지만 무엇이 먼저일까? 닭일까, 달걀일까?

인간은 호모사피엔스의 유전자를 영광스러운 선물로 타고난 존재다. 우리는 레오나르도 다빈치, 셰익스피어, 아인슈타인, 모차르트, 폴링, 러셀, 다트, 제퍼슨을 비롯한 수많은 위인과 같은 유전자를 공유한다. 하지만 인간의 뇌는 '사용'되지 않으면 무용지물이다. 우리는 무엇이든 될 수 있는 잠재력을 지닌 뇌를 타고났다. 우리가 뇌를 어떻게 사용하느냐에 따라 지능은 달라진다. 결국, 지능은 사고의 결과물이다.

그리고 수학은 방대한 정보를 뇌에 입력하는 중요한 수단이자 사고방식 그 자체다.

영유아는 어떻게 직관적으로 수학을 배우는가?

사실, 우리가 던져야 할 질문은 '영유아는 어떻게 직관적으로 수학을 할 수 있는가?'가 아니다. 그보다는 '언어를 구사하는 어른이 왜 직관적으로 수학을 하지 못하는가?'라는 의문을 품어야 한다.

문제의 핵심은 우리가 그동안 수학을 할 때 기호와 사실을 혼동했다는 데 있다.

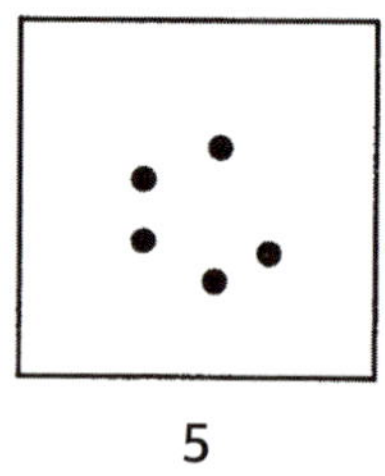

5

그림에서 볼 수 있듯, 수량이 5개 정도라면 어른도 인식하는 데 문제가 없다. 왜냐하면, 어른들은 1에서 12 정도의 수량을 어느 정도 직관적으로 인식할 수 있기 때문이다.

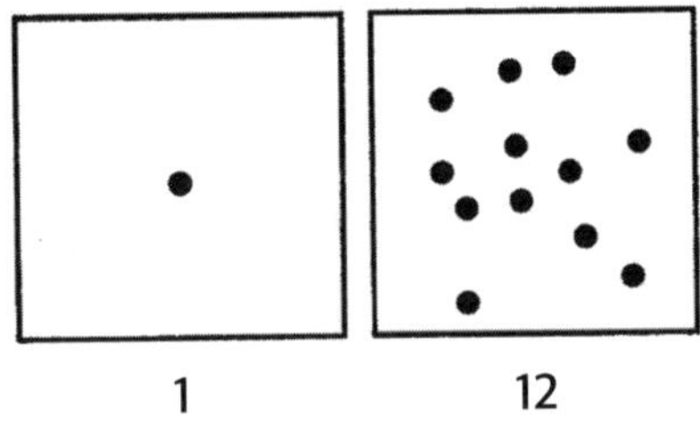

하지만 12에서 20까지 수량이 늘어나면, 아무리 민감한 어른이라 해도 수를 직관적으로 인식하는 데 있어 정확도가 급격히 떨어진다.

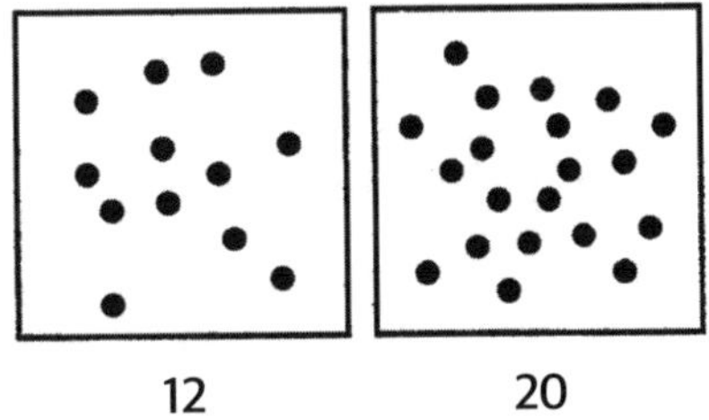

20 이상으로 수량이 늘어나면, 대부분은 추측에 의존하게 되며 추측은 늘 부정확하다.

아이들의 경우도 마찬가지다. 5, 7, 10, 13 같은 숫자의 '기호'는 알고 있으나 수 자체의 '사실'을 모르는 아이들은 직관적으로 수학을 할 수 없다.

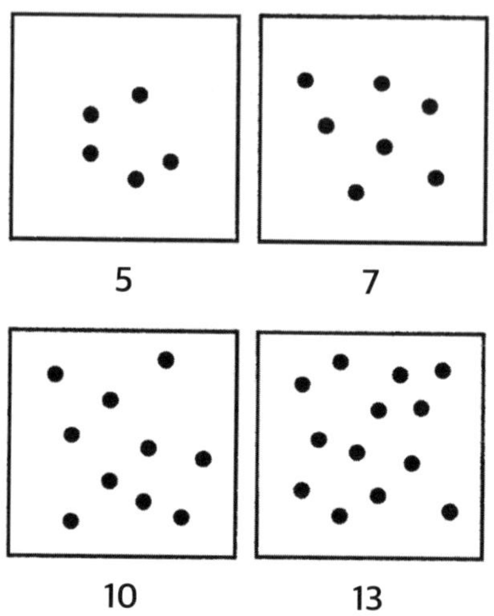

반면, 영유아는 세상을 정확히 '있는 그대로' 본다. 어른들이 자기가 생각하는 모습대로 혹은 자기가 생각하는 당위적인 모습대로 세상을 보는 경향과는 정반대다.

나는 2세 영아가 어떻게 직관적으로 수학을 하는지 머리로는 완벽히 이해하면서도 막상 내게는 그런 능력이 없다는 점이 화가 난다. 내가 직관적 수학을 하지 못하는 이유는 '칠십구'라는 말을 들었을 때 아래 이미지 중 왼쪽과 같은 이미지만 볼 수 있기 때문이다. 반면 오른쪽과 같은 이미지는 볼 수 없다.

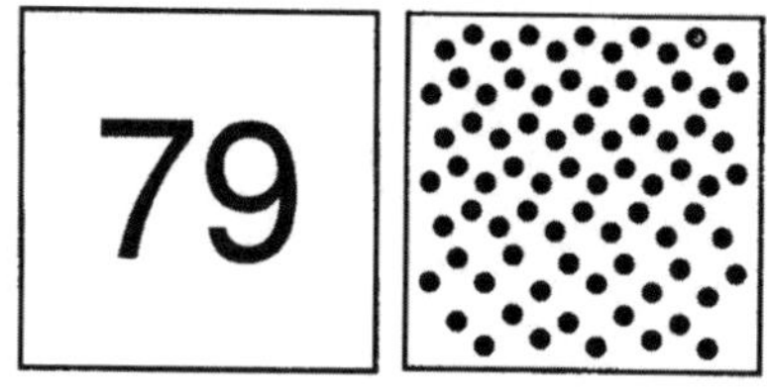

'볼 수 없다'라는 말은 정확히 말하면 '볼 수는 있지만 인지할 수는 없다'라는 뜻이다. 그러나 어린아이들은 오른쪽과 같은 이미지도 인지할 수 있다.

어린아이에게 하나(1)라는 개념을 인지하게 하려면, 아래 이미지처럼 사실 그대로를 보여 주기만 하면 된다.

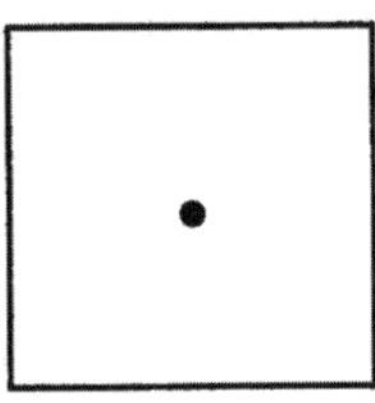

위와 같은 그림을 보여 주며 "이건 일(1)이라고 부른단다."라고 말하기만 하면 된다.

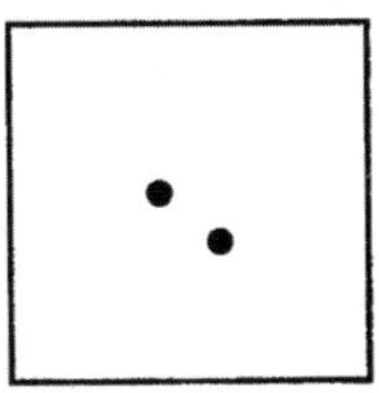

그다음에는 위와 같은 그림을 보여 주면서 "이건 이(2)야."라고 하면 된다.

또 그다음에는 이런 그림을 보여 주면서 "이건 삼(3)이란다."
라고 하면 된다.

이렇게 계속 진행한다. 이런 식으로 몇 번의 반복만 이루어져
도 아이는 수의 개념을 인지하고 기억할 수 있다.

한편 어른의 사고방식으로는 이러한 사실이 놀랍기만 하다.
많은 어른이 아래의 두 그림을 구별하는 아이는 특별히 천재적인
초능력을 가졌을 것이라고 생각한다. 어른은 해낼 수 없는 지적
행위를 불과 2세인 아이가 해내고 있다는 사실을 인정할 수 없는
것이다.

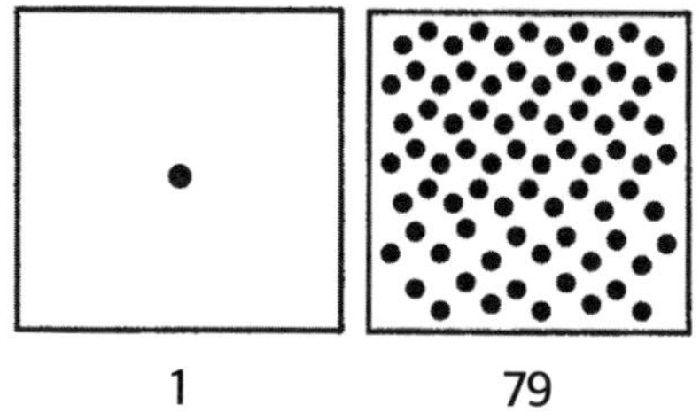

우리가 그다음으로 하는 생각은 아이는 사실 수를 '인식'한 게
아니라 수의 '패턴'을 알아보았을 뿐이라고 믿는 것이다.

하지만 기호를 알기 전에 개념을 먼저 인식하게 된 1세 아이
는, 잠깐 보기만 해도 다음의 그림을 구분할 수 있다.

어떤 방식으로 배열하든, 아이는 직관적으로 위 그림들이 '27'을 나타낸다는 사실을 알아차릴 수 있다.

잠깐, 무언가 이상하다는 사실을 눈치챘는가? 사실, 위 그림들에 찍힌 점들의 개수는 27개가 아닌 40개다. 눈치채지 못했다면, 당신이 숫자 40을 기호로 제시해야만 그것이 40임을 알 수 있는 평범한 어른이기 때문이다. 아이들은 어떤 형태로 수를 제시하든 속지 않고 실체만을 본다. 반면 어른은 수가 임의의 패턴으로 제시되었을 때 그것을 하나하나 세야만 알 수 있다. 또는, 수가 질서 정연하게 제시되었을 때 그것을 곱셈을 통해 알아낸다.

예를 들어 아래와 같은 그림이 제시되면 어른들은 수를 하나하나 세지만, 어린아이는 한 번 보고 실체를 파악한다.

●●

또, 다음과 같이 열을 지어 수를 제시하면 어른은 가로줄의 수
가 8이고 세로줄의 수가 5라는 것을 확인한 뒤 수학적인 공식을
적용하려 한다.

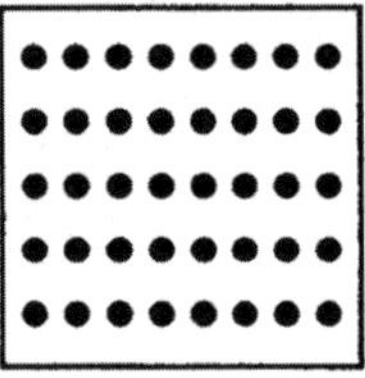

$$8 \times 5 \qquad \text{또는} \qquad 8 \times 5 = 40$$

이 과정은 믿을 수 없을 만큼 느려서 추천할 만한 이유가 거의
없지만, 궁극적으로는 맞는 답에 도달하게 해 준다. 그러나 우리
가 40이라는 옳은 결론에 도달하더라도, 우리는 40이 실제로 무
엇을 의미하는지 모른다. 단지 다른 무언가와 비교해야만 의미
를 알 수 있다.

가령, '40은 내가 하루에 버는 달러의 액수야', '40은 한 달에 열
흘을 더한 수야' 같은 식이다. 반면 아이들은 아래 두 그림이 같
다는 사실을 그냥 보고 안다.

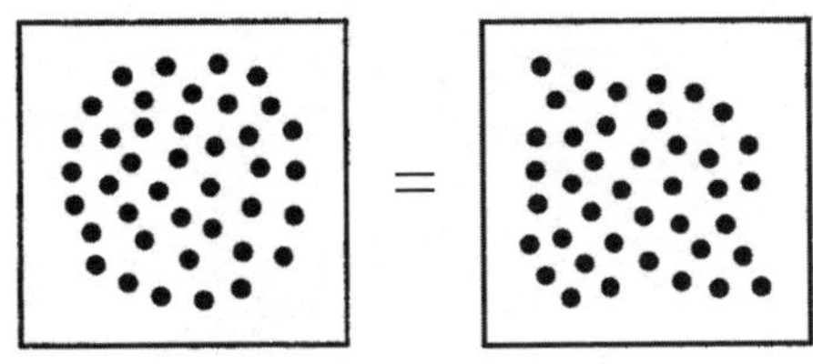

위의 두 그림 속 점의 개수는 똑같다.

우리가 40이라는 수량을 인식할 때 달력을 떠올리며 비교해야
한다면, 실제를 인식할 기회를 얻은 아이는 4월, 6월, 9월, 11월이
다음과 같다는 것을 안다.

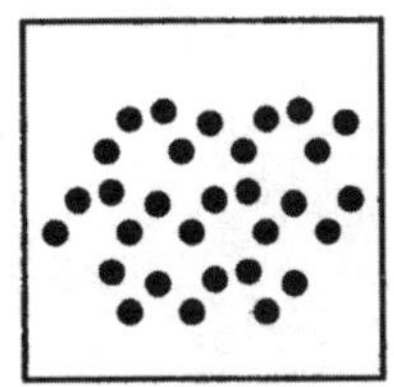

그리고 40을 한 달과 비교해야 한다면 그것은 아래와 같을 것
이다. 아이는 이 또한 분명하게 안다.

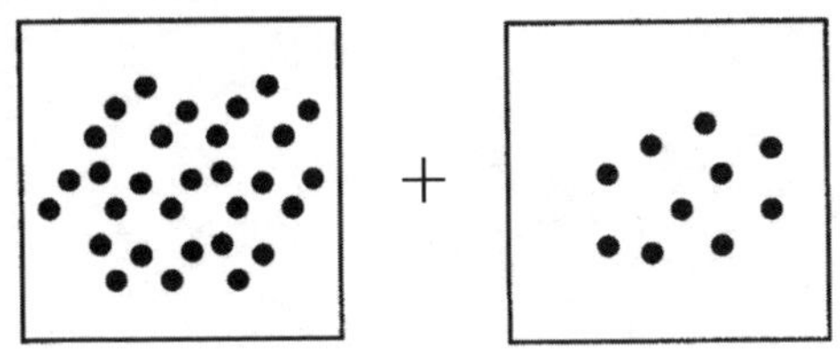

How to Teach Your Baby Math

아이에게 수학을 가르치는 5가지 방법

수학에는 진리만 있는 것이 아니고
최고의 아름다움도 있다.

- 버트런드 러셀

아이와 수학 수업을 시작하기 위한 워밍업

대부분의 교육서는 '지시 내용을 정확하게 따르지 않으면 효과가 없다'라는 말로 시작한다. 하지만 아이에게 수학을 가르치는 경우는 이와 다르다. 아무리 형편없이 가르친다 해도, 아이는 수학에 노출되지 않았을 때보다는 훨씬 많이 배운다. 따라서 지금부터 시작할 여정은 당신이 아무리 못하더라도 어느 정도는 반드시 이길 수밖에 없는 게임이다.

하지만 또 하나 확실한 사실은 당신이 어린 자녀에게 수학을 가르치는 놀이를 영리하게 할수록 아이는 더 빨리, 더 잘 배우게 된다는 점이다. 이를 위해 명심해야 할 사항이 몇 가지 있다.

먼저, 여기서 사용하는 '숫자'라는 단어는 '1, 5, 9'처럼 양이나 실제의 가치를 나타내는 '기호'를 의미한다. 반면 '수량'이라는 단

어를 사용할 때는 '하나, 다섯, 아홉'처럼 실제 사물의 수량 자체
를 의미한다.

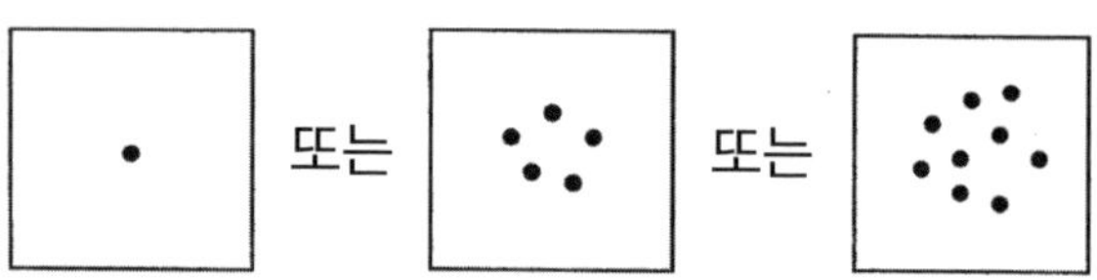

수량으로는 하나, 다섯, 아홉을 뜻하며 숫자로는 1, 5, 9라고 적는다.

수학에 있어 어린아이가 어른보다 유리한 이유는 실제 수량과
이를 나타내는 기호 사이에 차이가 있기 때문이다.

당신이 수학을 썩 잘하지 못하더라도 얼마든지 아이에게는 얼
마든지 가르칠 수 있다. 이 장에서 그 방법을 설명하고자 한다.
아이에게 이미 읽기를 가르쳐 봤다면 훨씬 더 쉬울 것이다. 또, 당
신이 학습을 제대로만 진행한다면 당신과 아이는 이 놀이를 대단
히 즐기게 될 것이다. 여기에는 하루에 30분도 채 걸리지 않는다.

어린아이를 가르치는 방법을 논하기 전에, 꼭 기억해야 할 여
덟 가지 사항이 있다.

1. 5세 이전의 아이는 엄청나게 많은 양의 정보를 쉽게 흡수한다. 4세 이전이
라면 더 쉽고 더 효과적으로 흡수하며, 3세 이전이라면 훨씬 더 쉽고 더 효
과적이다. 2세가 되기 전이면 제일 쉽고 효과적으로 정보를 받아들인다.

2. 5세 이전의 아이는 놀라운 속도로 정보를 받아들일 수 있다.

3. 5세 이전에 흡수한 정보가 많을수록 아이는 더 많이 기억한다.

4. 5세 이전의 아이는 엄청난 양의 에너지를 가지고 있다.

5. 5세 이전의 아이는 학습 욕구가 어마어마하게 강하다.

6. 5세 이전의 아이는 읽기를 배울 수 있으며, 무엇이든 읽고 싶어 한다.

7. 모든 어린아이는 언어 천재다.

8. 5세 이전의 아이는 언어를 통째로 배우며 자신에게 제시되는 만큼 많은 언어를 배울 수 있다.

수학도 일종의 언어다. 그러므로 아이들은 다른 모든 언어와 마찬가지로 수학이라는 언어로 말하고 읽는 법을 배울 수 있다.

수학 교육에 관한 9가지 기본 사항

1. 언제부터 아이에게 수학을 가르쳐야 하는가?

2세가 넘어가면 나이를 한 살씩 먹을 때마다 수량이나 실제를 직관적으로 인식하기가 점점 힘들어진다. 아이에게 수학을 가르치는 데에 최소한의 시간과 에너지를 쏟고 싶다면 1세 이하가 학습을 시작할 이상적인 시기다. 실제로 아이는 신생아 때부터 학습을 시작할 수 있다.

우리는 아이가 태어나자마자 말을 걸기 시작한다. 이 행위는 아이의 청각 경로가 발달하는 데 도움이 된다. 마찬가지로 우리는 수학의 언어를 시각적으로 제시할 수 있으며, 이 행위는 아이의 시각 경로를 자라나게 하는 데 도움이 된다. 이 과정은 다음 장에서 더 자세히 다룰 것이다.

여러분의 자녀를 가르치는 데 영향을 주는 두 가지 필수 요소는 다음과 같다.

1. 부모의 태도와 접근 방식

2. 자료의 크기와 순서

2. 부모는 어떤 마음가짐으로 임해야 하는가?

인류 역사를 통틀어 가장 잘못된 추측은 '아이들은 학습을 원하지 않는다'라는 것이다. 아이들은 무엇이든 배우고 싶어 하며, 배움을 간절히 원한다.

아이들은 태어나면서 또는 그 이전부터 학습을 시작하며 본능과 직관을 사용해 배운다. 어린아이의 사고와 학습은 불가피하며 자연스럽다. 1세 아이는 배움이 필요하고 피할 수 없는 것이며 자신의 인생에서 가장 위대한 모험이라는 사실을 믿는다.

그렇다. 배움은 인생에서 가장 위대한 모험이다. 배움은 바람직하고, 없어서는 안 되며, 피할 수 없는 것이자, 무엇보다도 인생 최대의 위대하고 자극적인 게임이다. 아이들은 이 사실을 믿고 있으며 어른이 '그렇지 않다'라고 설득하기 전까지는 언제까지고 그 사실을 믿는다. 부모와 아이 모두 수학을 최고의 놀이로 여기고 즐거운 마음으로 접근하는 태도가 중요하다.

교육자나 심리학자 중에는 어린아이에게 수학을 가르치면 아이들의 소중한 유년기를 망칠 수 있다고 주장하는 사람들도 있다. 그러나 이들은 학습을 대하는 아이들의 태도보다는 자신들이 학습에 대해 어떻게 느끼는지를 말하고 있다.

부모는 배움이 인생에서 가장 신나는 놀이임을 잊지 말아야 한다. 배움은 과제가 아니다. 배움은 상이지, 벌이 아니다. 배움은 즐거움이지, 노동이 아니다. 배움은 특권이지, 제한이 아니다.

부모는 늘 이 사실을 기억해야 하며, 아이의 자연스러운 태도를 무너뜨릴 만한 행동을 해서는 안 된다. 반드시 기억해야 할 규칙이 하나 있다. 당신이나 아이 중 누구라도 즐겁지 않다면 학습을 즉시 멈춰라. 무언가 잘못하고 있다는 뜻이다.

3. 가르치기에 최적의 시기는 언제인가?

엄마와 아이가 모두 행복하거나 컨디션이 좋은 경우에만 수학 학습을 진행해야 한다. 아이가 짜증이 나 있거나 피곤하거나 배고프다면 수학 학습을 진행하기 좋은 때가 아니다. 먼저 아이를 성가시게 하는 것이 무엇인지 찾아서 해결하라.

만약 엄마가 짜증이 나 있거나 기분이 언짢으면, 이때도 수학 학습을 하기에 좋은 때가 아니다. 상황이 좋지 않은 날에는 학습을 전혀 하지 않는 것이 최선이다. 모든 엄마와 아이에게는 서로 손발이 맞지 않거나 일이 잘 풀리지 않는 날이 있는 법이다. 현명한 부모라면 그런 날에는 학습을 멈출 줄 알아야 한다. 짜증스러운 날보다 행복한 날이 훨씬 많고, 학습을 진행할 만한 가장 행복한 순간을 골랐을 때 학습의 기쁨이 더욱 강화된다는 사실을 현명한 부모들은 잘 안다.

4. 가르치는 시간은 어느 정도가 적당한가?

학습 시간은 매우 짧아야 한다. 처음에는 하루에 3회씩 진행하고, 각 회차당 몇 초씩만 할애하도록 한다.

수업을 언제 마칠지 결정하려면 당신은 대단한 선견지명을 발휘해야 한다. 그래서 항상 아이가 그만두고 싶어 하기 전에 먼저 멈추어야 한다.

당신이 항상 이런 원칙을 지키면, 아이는 당신에게 수학 놀이를 하자고 조르게 된다. 그러면 당신은 아이의 타고난 학습 욕구를 파괴하지 않고 키울 수 있다.

5. 어떤 방식으로 가르쳐야 하는가?

수학에서 수량을 구별하는 법을 배우든, 덧셈이나 뺄셈을 배우든, 성패의 열쇠를 쥐고 있는 것은 당신의 열정이다. 아이들은 배우는 것을 좋아해서 매우 빠르게 배운다. 따라서 당신도 아이들에게 학습 자료를 매우 빠르게 보여 주어야 한다.

어른들은 아이들을 위한답시고 거의 모든 일을 너무 느리게 한다. 이런 모습은 특히 아이를 가르치는 방식에서 가장 적나라하게 드러난다. 일반적으로 우리는 아이가 자리에 가만히 앉아 자료를 응시하고 있어야 집중하고 있다고 여긴다. 그리고 무언가를 배우는 아이의 모습은 조금 힘들어 보이기 마련이라고 생각한다. 하지만 아이들은 학습을 고통으로 여기지 않는다. 단지 어른들이 그렇게 여길 뿐이다.

아이에게 학습 자료를 보여 줄 때는 최대한 빠르게 보여 주도록 한다. 하다 보면 점점 능숙해질 것이다. 부모가 서로를 상대로 먼저 연습해 봐도 좋다. 학습 자료는 빠르게 넘겨도 아이가 쉽게 알아볼 수 있을 만큼 충분히 큰 글씨로, 선명하게 쓰여 있어야 한다.

간혹 자료를 빠르게 보여 주는 데 지나치게 집중하다 보면 목소리에서 자연스러운 열정과 음률이 사라지기 쉽다. 하지만 빠르게 진행하면서도 열정과 즐거움을 유지하는 일은 동시에 가능하며 또 매우 중요하다. 왜냐하면, 당신의 아이가 수학에 보이는 관심과 열정은 다음 세 가지와 밀접하게 관련되기 때문이다.

1. **자료를 보여 주는 속도**

2. **새로운 자료의 양**

3. **즐거워하는 부모의 태도**

속도가 빠를수록, 새 자료가 많을수록, 즐거움이 클수록 좋다. 속도라는 요인 하나가 수업이 성공적일지 그저 지루한 시간이 될지를 좌우할 수 있다. 아이들은 자료를 뚫어져라 쳐다보지 않는다. 그럴 필요 없이, 아이들은 그저 스펀지처럼 즉각적으로 흡수할 뿐이다.

6. 새로운 자료를 어떻게 소개할 것인가?

이 시점에서 아이가 수학이나 다른 무언가를 배우는 적절한 속도에 대해 논하는 것이 좋겠다. 먼저, 두려워 말고 당신의 자녀가 이끄는 대로 따라가라. 아이가 얼마나 배움에 굶주렸는지, 얼마나 빨리 배우는지를 보면 놀랄 수 있다.

어른들은 '2 + 2 = 4'라는 공식을 외워야 한다고 가르치는 세상에서 자랐다. 우리는 이런 연습 문제들을 10번이고 20번이고 반복해서 풀었다. 어른들 대부분은 이처럼 매우 좁은 범위의 정보를 끝없이 연습함으로써 수학이라는 과목에 흥미를 잃기 시작했을 것이다.

20개의 덧셈 문제를 반복해서 풀게 하는 대신, 1,000개의 새로운 문제를 빠르고 즐겁게 보여 주면 어떨까? 물론, 덧셈 등식 1,000개가 20개보다 훨씬 많다는 사실은 수학 천재가 아니라도 다 알 수 있다. 아이들은 우리가 제공하는 양보다 훨씬 많은 정보를 수용할 수 있다. 여기서 핵심은 21번째 문제를 보여 주었을 때와 1,001번째 문제를 보여 주었을 때 각각 어떤 일이 일어나는가에 있다. 어린아이를 가르치는 비결이 바로 여기에 있다.

첫 번째 경우(20개의 문제를 끝없이 반복하는 방식), 21번째 등식을 제시하면 아이는 최대한 빨리 반대편으로 달아나 버린다. 정규교육은 철저히 이 방식을 따른다. 어른들은 이런 접근법이 얼마나 치명적일 수 있는지 잘 안다. 우리는 12년 동안 바로 이 방식으로 배워 왔기 때문이다.

두 번째 경우(항상 새로운 문제를 보여 주는 방식), 아이는 1,001번째 문제를 열심히 기다린다. 새로운 것을 발견하고 배우는 기쁨이 생겼고, 학습에 대한 타고난 호기심과 사랑이 무럭무럭 자라났기 때문이다.

안타깝게도 첫 번째 방법은 배움의 문을 닫아 버린다. 반면, 두 번째 방법은 이 문을 활짝 열고, 다시는 닫히지 않도록 안전하게 지켜 준다. 아이의 지적 건강과 행복에는 폭넓고 다양하며 영양가 있는 지식의 식단이 꼭 필요하다.

7. 어떻게 일관성을 유지할 것인가?

본격적으로 시작하기 전에, 학습 자료와 마음가짐을 정돈해 두는 편이 좋다. 일단 시작하면 일관성 있게 수업을 진행하고 싶어질 테니 말이다. 욕심이 과도해 들쭉날쭉하게 진행하는 쪽보다는 소박하더라도 행복하고 일관성 있게 진행하는 쪽이 더 성공한다. 간헐적으로 진행하는 것은 효과적이지 않다.

학습 자료는 반복해서, 빠르게 보여 주는 것이 핵심이다. 아이가 느끼는 즐거움은 진짜 지식을 얻는 데서 온다. 그러려면 매일 수업을 진행해야 한다.

물론 때로는 며칠간 수업을 중단해야 할 수도 있다. 너무 자주 있는 일만 아니라면 괜찮다. 간혹 몇 주에서 몇 달 동안 중단해야 할 수도 있다. 예를 들어, 집안에 새 아이가 태어나거나, 이사, 여행, 질병 등으로 일상에 큰 지장을 주는 일이 생기면 수학 수업은 완전히 중단하는 편이 좋다. 이런 시간에는 자녀와 함께 일상 속에서 수학 이야기를 나눈다. '손가락은 몇 개인지', '꽃병에 몇 송이의 꽃이 있는지', '1층부터 2층까지 계단이 몇 개인지' 같은 이야기들을 나눈다.

이런 시기에 억지로 수업을 진행하려고 들면 안 된다. 그러면 아이도, 부모도 좌절감과 스트레스를 느낄 것이다. 일관성 있게 수업을 재개할 준비가 되면, 중단했던 지점에서 다시 시작하면 된다. 굳이 처음으로 돌아가서 새로 시작할 필요는 없다.

수업을 소소하게 진행하든, 열정을 다해 진행하든 당신과 아이에게 적합한 방식으로 진행하되, 일관성 있게 유지하라. 그러면 아이의 즐거움과 자신감이 나날이 성장하는 모습을 보게 될 것이다.

8. 아이가 잘 배우고 있는지 시험해도 되는가?

아이를 가르치는 일은 선물을 주는 것과 같다. 반면 시험은 그 선물을 돌려 달라고 요구하는 것이다. 가르치는 일은 자연스럽고 즐거운 과정이지만, 시험은 적어도 불쾌감을, 심하게는 고통을 선사할 수 있다. 그러니 당신은 아이를 '가르쳐야' 한다. '시험하려' 들어서는 안 된다. 시험에 관해서는 뒷부분에서 더 자세히 논하도록 하겠다.

9. 자료는 어떻게 준비해야 하는가?

아이에게 수학을 가르칠 때 사용하는 자료는 매우 단순하다. 이 자료들은 인간의 뇌가 어떻게 성장하고 기능하는지를 연구한 많은 아동두뇌발달학자들이 수년간 연구한 결과를 바탕으로 만들어졌다. 자료는 수학이 일종의 뇌 기능이라는 사실을 인식한 상태에서 설계되었다. 수학 학습 자료는 어린아이들의 시각기관이 지닌 장점과 한계를 인식하여, 단순한 시각 자극부터 정교한 시각 자극, 뇌 기능에서 뇌 학습으로 이어지는 모든 필요를 충족시키도록 설계되었다.

수학 카드는 충분히 빳빳한 흰색 하드보드지로 만들어야 한다. 그래야 아이가 다소 거칠게 다루더라도 형태를 유지할 수 있다.

· 필요한 준비물

1. 흰색 하드보드지(약 28cm×28cm) 100여 장

가능하다면 원하는 크기로 재단되어 있는 종이를 구매한다. 나머지 자료 준비보다 종이를 자르는 데 더 많은 시간이 들기 때문에 시중에서 구매하면 시간을 많이 절약할 수 있다. 첫 자료 세트를 만들려면 최소한 이런 카드가 100장은 필요하다.

2. 접착식 빨간색 도트 스티커(5,050개)

1부터 100까지에 해당하는 수 카드를 만들려면 지름 약 2cm 크기의 빨간

색 도트 스티커 5,050개도 필요하다.

3. 빨간색 사인펜 혹은 마커펜

펜 심이 최대한 굵은 것을 구한다.

준비물 목록을 보고 자료 준비에 빨간색 도트 스티커가 무수히 필요하다는 사실에 의아해졌을 것이다. 하필 빨간색인 이유는 단순하다. 빨간색은 어린아이의 눈길을 가장 잘 사로잡는 색이기 때문이다. 빨간색은 아이의 미성숙한 시각 경로로도 애쓰지 않고 금방 구별할 수 있다. 실제로 이 점들을 보는 행위 자체가 아이의 시각 경로 발달을 촉진한다. 그래서 나중에 숫자를 가르칠 때, 아이가 시각적으로 숫자를 더 쉽게 알아보고 배울 수 있게 된다.

먼저, 아이에게 수량이나 수의 실제 가치를 가르칠 때 사용할 카드를 만드는 것부터 시작한다. 이렇게 가르치려면 빨간색 점이 있는 카드 한 세트를 만들어야 한다. 빨간 점 1개가 있는 카드부터 빨간 점 100개가 있는 카드까지가 한 세트다. 시간이 걸리는 작업이지만 어렵지는 않다. 그래도 이런 자료를 만들 때 조금이라도 편하게 할 수 있는 몇 가지 도움이 되는 팁이 있다.

1. 점 100개가 있는 카드부터 시작해 숫자를 거꾸로 내려가면서 만든다.

큰 숫자일수록 만들기 힘드니, 더 주의해야 하는 작업은 끝날 때보다 시작할 때 먼저 하는 편이 낫다.

2. 카드에 붙이기 전에 점의 개수를 정확히 센다.

특히 숫자가 20을 넘어가면, 붙인 후에 숫자를 다시 세기란 어렵다.

3. 숫자는 카드 뒷면의 네 귀퉁이에 미리 써 둔다.

앞면에 점을 붙이기 전에 숫자를 먼저 기록해 두는 편이 좋다.

4. 점은 패턴 형태로 붙이지 않는다.

정사각형이나 원, 삼각형, 마름모 등 어떤 형태로든 일정한 패턴에 따라 점을 붙이지 않도록 주의한다.

5. 중앙에서 바깥 방향으로 향하며 무작위로 붙인다.

점들이 서로 겹치거나 옆에 딱 붙지 않도록 한다.

6. 카드 가장자리에는 여백을 남기도록 한다.

그래야 손가락으로 카드를 잡을 공간이 생겨서 카드를 보여 줄 때 손가락으로 점을 가리지 않게 된다.

물론 앞서 말한 자료를 다 만드는 데는 시간과 비용이 든다. 하지만 당신과 아이가 수학을 함께 하면서 느낄 설렘과 흥분에 비한다면 노력을 들일 만한 충분한 가치가 있다.

이 첫 번째 카드 묶음 100장만 있으면 당신은 아이와 함께 수학 활동 1단계를 문제없이 시작할 준비를 마친 셈이다. 일단 아

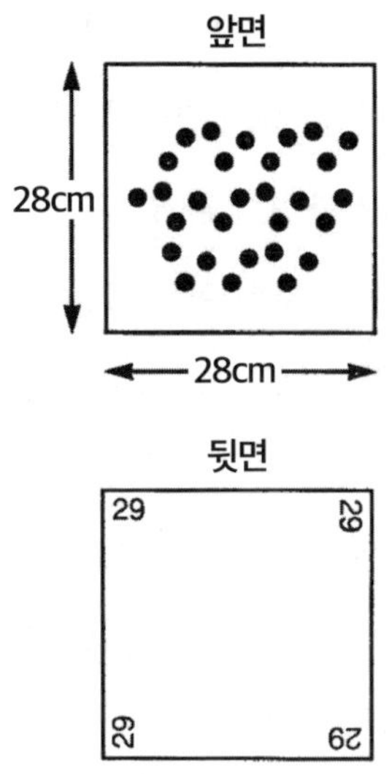

이에게 수학을 가르쳐 보면, 아이가 새로운 정보를 얼마나 빨리 먹어 치우는지 알게 된다. 우리가 부모들에게 이 사실을 아무리 입이 닳도록 강조해도, 부모들은 자녀의 습득 속도를 보며 늘 놀란다.

우리 연구소는 자료를 미리 준비해 두어야 좋다는 사실을 오래전에 깨달았다. 그러므로 부모에게도 실제로 아이를 가르치기 전에 카드 100장을 미리 만들어 두기를 권한다. 그러면 새로운 학습 자료를 충분히 비축해 두고 수업을 시작할 수 있다. 이렇게 하지 않으면 자료를 준비하는 속도보다 수업의 속도가 더 빨라지게 된다. 그러다 보면 부모는 같은 자료를 반복해서 보여 주고 싶은 유혹에 휩싸이기 마련이다. 부모가 이런 유혹에 넘어가면 수학 활동은 실패로 이어진다. 하지 말아야 할 가장 큰 실수는 이미 끝낸 자료를 계속 반복해 보여 주는 일이다. 가장 큰 잘못은 어린 아이를 지루하게 만드는 것임을 명심하기를 바란다.

현명한 부모가 되어라. 자료 준비는 미리, 여유 있게 시작해서 앞서 나가야 한다. 만약 자료 준비가 늦어졌다면, 예전 카드를 다시 보여 주는 방법으로 시간을 보내지 말라. 일단 며칠간 활동을 잠시 중단하고 재정비할 시간을 가지면서 새 자료를 만든 다음, 중단했던 지점에서 다시 시작하면 된다.

자료 준비는 매우 재미있는 작업이 될 수 있고, 또 그래야 한다. 당신이 다음 달에 사용할 자료를 미리 준비한다면 즐거울 것이다. 하지만 내일 당장 쓸 자료를 지금 준비한다면 부담만 될 것이다.

앞을 내다보고 미리미리 시작하라. 늘 앞서 나가라. 어쩔 수 없으면 잠시 중단하고 재정비하라. 오래된 자료를 계속해서 보여 주고 또 보여 주어서는 안 된다. 지금까지 설명한 좋은 가르침의 기본을 요약해서 정리하면 다음과 같다.

1. 가능한 한 어릴 때부터 시작한다.

2. 매번 즐거워야 한다.

3. 아이를 존중한다.

4. 당신과 아이가 행복할 때만 가르친다.

5. 아이가 그만두고 싶어 하기 전에 멈춘다.

6. 자료는 빠르게 보여 준다.

7. 새로운 자료를 자주 보여 준다.

8. 일관성 있게 활동을 진행한다.

9. 세심하게 미리미리 자료를 준비해 둔다.

10. 다음과 같은 실패 예방 원칙Fail-Safe Law을 항상 기억한다.

─ 당신도 즐겁지 않고, 아이도 즐겁지 않다면 멈춰라. 무언가 잘못하고 있는

것이다.

수학에 눈을 뜨기 위한
1단계: 수량 인식하기

지금부터 당신이 아이를 가르치기 위해 따라야 하는 길은 놀랍도록 간단하고 쉽다. 생후 12개월 미만 아기든, 18개월 아기든, 그 경로는 본질적으로 같다. 밟아야 하는 단계는 다음과 같다.

- 1단계: 수량 인식하기

- 2단계: 등식

- 3단계: 문제 해결

- 4단계: 숫자

- 5단계: 숫자로 등식 표현하기

수학 학습을 시작하기 위한 첫 관문

첫 단계는 실제 개수, 즉 숫자가 나타내는 실제 가치를 인식하는 능력을 가르치는 단계다. 여기서 명심할 점은 숫자는 수의 실제 가치를 나타내는 '기호'에 불과하다는 사실이다. 가능한 한 가장 어린 시기에, 1~10의 수량을 나타내는 도트 카드를 아이에게 가르치는 것으로 시작한다. 첫 시작은 1부터 5까지를 나타내는 카드들로 한다.

수업은 하루 중 아이의 컨디션이 가장 좋고, 집중하기 좋은 시간대에 진행한다. 장소는 집 안에서 시청각적으로 주의를 산만하게 하는 요인이 최대한 없는 곳을 택한다. 예를 들어, 라디오를 틀어 놓지 않도록 하고 다른 소음원도 최대한 차단한다. 방 안에서 가구나 그림 등 시각적으로 아이의 집중력을 떨어뜨릴 수 있는 물건이 많지 않은 곳을 고른다.

자, 이제부터 즐거움이 시작된다. 그저 아이 손이 닿지 않을 만큼 떨어진 거리에서 '1 카드'를 들고 또렷하고 열의 있는 목소리로 "이건 일(1)이야."라고 말하면 된다. 그밖에 부연 설명은 필요하지 않다. 카드는 1초 이하로 아주 짧게 보여 준다.

그런 다음, '2 카드'를 들어 보이면서 이번에도 매우 열정적인 목소리로 "이건 이(2)야."라고 말한다.

이와 똑같은 방식으로 3, 4, 5 카드도 보여 준다. 카드 5장을 순서대로 보여 줄 때 앞 카드를 뒤로 빼기보다는 뒤에 있는 카드를 앞으로 넘기며 보여 주도록 한다. 이렇게 하면 카드 뒷면 귀퉁이에 적어 두었던 숫자를 보면서 진행할 수 있기 때문이다. 즉, 아이에게 수를 말하는 동안 아이의 얼굴에 온전히 집중할 수 있다는 뜻이다. 이것이 이상적인 방법이다. 당신도 아이가 카드를 볼 때 같이 카드를 보기보다는 온전히 아이에게 주의력과 열정을 집중하고 싶을 것이다.

명심하라. 아이에게 카드를 빠르게 보여 줄수록 아이의 관심과 주의력이 좋아진다. 또한, 아이도 부모의 온전한 관심과 애정을 받게 된다. 어린아이가 이보다 더 좋아할 만한 것은 없다.

카드를 보여 주면서 아이에게 부모가 말하는 수를 따라 말하도록 요구해서는 안 된다. '5 카드'까지 다 보여 준 다음에는 아이를 꼭 안아 주고 입을 맞추면서 애정을 분명하게 표현하도록 한다. 아이가 얼마나 훌륭하고 똑똑한지, 아이를 가르치는 과정이 얼마나 기쁜지 이야기해 주자.

첫째 날에는 이 과정을 정확히 앞서 설명한 방법대로 2회 더 반복한다. 수학 활동을 진행하는 처음 몇 주 동안은 수업 시간 사이의 간격이 적어도 30분은 확보되어야 한다. 이 시기가 지난 후에는 수업 사이의 간격을 15분으로 좁혀도 된다.

자, 이렇게 해서 첫째 날이 끝난다. 당신은 아이에게 수학을 이해하도록 가르치는 첫발을 내디딘 것이다(지금까지 당신이 투자한 시간은 기껏해야 3분이다).

둘째 날에도 첫째 날과 동일한 카드로 수업을 3회 반복한다. 그다음 새 카드 5장(6, 7, 8, 9, 10)으로 된 두 번째 세트를 추가한다. 새로운 세트 역시 하루 동안 3회 보여 주어야 한다. 이렇게 하면 둘째 날부터는 카드 5장씩 두 세트를 각각 하루에 3회씩 가르치는 셈이다. 따라서 매일 총 6회의 수학 수업을 실시하게 된다.

1부터 10까지의 카드를 제일 처음 보여 줄 때는 카드를 순서대로(1→2→3→4→5 순) 보여 줘도 된다. 하지만 두 번째부터는 한 세트씩 보여 줄 때마다 반드시 카드를 섞어서 보여 준다. 그래야 아이가 다음 카드를 유추할 수 없게 된다.

매번 수업이 끝날 때마다 아이에게 칭찬을 들려주자. 당신이 아이를 얼마나 뿌듯해하고 사랑하는지 말해 준다. 아이를 안아 주면서 몸으로 사랑을 표현하는 것도 현명한 방법이다.

반면, 아이에게 과자나 사탕 같은 보상을 주어서는 안 된다. 아이는 워낙 빠른 속도로 습득하기 때문에, 이 방법은 재정적 측면에서도 아이의 건강 측면에서도 적절하지 않다. 게다가 부모의 사랑과 존중에 비하면 과자 따위는 아이의 업적에 걸맞지 않은 보잘것없는 보상이다.

느린 것보다는 빠른 것이 낫다

아이들은 번개와 같은 속도로 배운다. 만약 하루에 3회 넘게 도트 카드를 보여 준다면 아이들은 지루해할 것이다. 카드를 1초 이상 보여 줄 때도 마찬가지일 것이다. 배우자를 대상으로 한번 실험해 보라. 점 6개가 있는 카드를 30초 동안 응시하라고 하면, 어른조차 그렇게 하기가 힘들다는 사실을 금방 알 수 있을 것이다. 심지어 아이는 어른보다 훨씬 빨리 인지한다.

전체 과정에서 경계해야 하는 유일한 경고 신호는 '지루함'이다. 절대 아이를 지루하게 만들지 말라. 너무 느린 수업은 너무 빠른 수업보다 아이를 지루하게 만든다. 당신의 똑똑한 아이는 그럴 시간에 외국어 하나를 더 배울 수 있다. 그러니 아이를 지루하게 해서는 안 된다. 당신이 방금 이루어 낸 멋진 일을 곱씹어 음미하라. 당신은 아이가 어린 나이에 10이라는 수의 실제량을 배울 기회를 준 것이다. 당신의 아이는 부모의 도움을 받아 다음과 같은 가장 특별한 일 두 가지를 해냈다.

1. 시각 경로가 성장했다. 무엇보다 하나의 수량과 다른 수량을 구별할 수 있게 되었다.

2. 어른들은 지금도 할 수 없고 아마 앞으로도 할 수 없을 일을 이미 해냈다.

앞으로도 카드 5장씩 두 세트를 계속 보여 주되, 셋째 날부터는 두 세트의 카드를 서로 섞어서 보여 준다. 예를 들어 3, 10, 8, 2, 5가 한 세트가 되고 나머지 카드로 다른 한 세트를 만드는 식이다. 이렇게 카드를 계속해서 섞으면 수업이 매번 흥미롭고 새롭게 느껴질 수 있다. 아이는 다음에 나올 카드가 무엇일지 절대 알 수 없을 테니 말이다. 이 방법은 수업을 신선하고 흥미롭게 유지하는 데 매우 중요한 역할을 한다. 이런 식으로 카드 5장씩 두 세트를 5일간 계속해서 가르친다. 그런 다음 6일째 되는 날, 오래된 카드는 빼고 새로운 카드를 넣기 시작한다.

이때부터는 새 카드와 오래된 카드를 교체할 때 다음과 같은 방법을 사용한다. 지난 5일간 가르쳤던 카드 10장 가운데 '가장 작은 수' 2개를 빼는 것이다. 가령, 6일째 되는 날에는 '1 카드'와 '2 카드'를 빼고, 새 카드 2장(11, 12)을 넣는다. 이런 식으로 매일 새 카드를 2장씩 추가하고 오래된 카드도 2장씩 뺀다. 오래된 카드를 빼는 이 과정을 가리켜 '퇴장'이라고 부를 것이다. 곧 살펴보겠지만 퇴장한 카드는 추후 2단계와 3단계에 다시 등장해 유용하게 활용될 것이다.

일일 프로그램

1에서 10까지의 카드를 처음 본 아이는 수를 세려고 할 수 있다. 하지만 세는 법을 알면 아이에게는 작은 혼란이 생긴다. 이 경우, 카드를 빠르게 보여 줌으로써 아이는 자연스레 그 행동을 멈추게 될 것이다. 아이는 카드를 보여 주는 속도가 빠르다는 것을 알면, 이 활동이 자신에게 익숙한 '수 세기 놀이'와는 다른 놀이임을 알게 된다. 그리고 점차 눈앞에 보이는 점의 수량을 인식하기 시작한다. 그러므로 아이가 아직 숫자를 셀 줄 모른다면, 아이가 1단계부터 5단계까지 모두 완료하기 전에는 셈하는 법을 가르치지 않도록 한다.

다시 한번 강조하지만, 절대로 아이를 지루하게 만들어서는 안 된다. 아이가 지루함을 느낀다면 부모가 활동을 너무 느리게 진행하고 있을 가능성이 크다. 아이가 먼저 놀이를 더 하자고 졸라야 정상이다.

활동이 제대로 이루어지고 있다면, 아이는 평균적으로 매일 새 카드를 2장씩 배우게 된다. 사실 2장은 하루에 새로 가르칠 카드의 최소량이다. 이보다 더 빠른 속도로 새 자료가 필요해질 수도 있다. 이럴 때는 카드를 하루에 3장씩 퇴장시키고 새로 추가해야 한다. 아이의 속도에 따라 심지어는 매일 4장씩 교체해야 할 수도 있다.

지금까지 부모와 아이는 모두 큰 즐거움과 기대를 품고 수학 놀이에 접근하고 있어야 한다. 여기서 명심해야 할 것이 있다. 당신은 지금 아이의 마음속에 삶의 기반이 될 '배움에 대한 사랑'을 쌓아 주는 중이다. 더 정확히 말하자면, 마음속에 내재된 학습에 대한 욕구를 강화하는 중이다. 이런 열망은 부정당하지는 않지만, 분명 쓸모없거나 심지어 부정적인 방면으로 왜곡될 수 있다. 그러니 즐겁게 놀이를 즐겨라. 수학 놀이는 즐거운 마음으로 열심히 해야 한다. 당신이 아이를 가르치는 데 채 3분이 안 되는 시간을 투자하고, 아이를 사랑하는 데 5~6분만 투자해도, 아이는 자신의 인생을 통틀어 가장 중요한 발견을 할 수 있다.

당신이 아무 대가를 바라지 않는 순수한 선물을 주듯 자녀에게 이런 지식을 열심히 그리고 즐겁게 제공한다면, 역사상 어른들이 어린 시절에 배워 본 적 없던 가치를 내 아이에게 전해 주는 셈이다. 실제로 당신이라면 눈으로 '볼' 수만 있는 것을 당신의 자녀는 '인식'할 수 있게 된다. 점 39개를 38개와 구별하거나 91개를 92개와 구별한다. 이제 아이는 그저 기호만이 아니라 실제의 가치를 안다. '6은 아래에 적고 9는 받아올림한다.'처럼 단지 공식과 규칙을 외우기만 하는 것이 아니라 수학을 제대로 이해하는 데 필요한 기초를 갖추게 된다. 이제 아이는 한 번만 봐도 점 47개 또는 동전 47개, 양 47마리를 인식할 수 있게 된다.

그동안 아이를 시험해 보고 싶은 유혹에 당신이 굴복하지 않았다면, 지금쯤 아이는 우연히 자신의 능력을 보여 주었을지도 모른다. 어떤 경우든, 아이를 조금 더 믿어 보기를 바란다. 단지 '이런 식으로 수학을 하는 어른을 본 적이 없다'라는 이유만으로 아이도 그렇게 할 수 없다는 잘못된 결론을 내리지 말라. 수학뿐만 아니라 영어를 배울 때도 아이만큼 빨리 배울 수 있는 어른은 없지 않은가.

앞서 설명한 방법으로 계속해서 카드를 보여 주며 100까지 가르친다. 수량을 보여 주기 위해 101 이상의 수를 카드로 만들 필요는 없다. 실제로 시도한 사례들도 있지만, 100이 넘어가기 시작하면 유의미한 학습 효과는 떨어진다. 아이는 1부터 100까지 점으로 표시된 도트 카드를 다 보고 나면 수량에 대한 훌륭한 감각을 얻게 된다.

실제로 아이는 100까지 배우기도 전에 2단계로 넘어가고 싶어 할 것이다. 그래야 할 필요도 있다. 그러므로 도트 카드로 1부터 20까지를 아이에게 다 보여 주었다면, 그때가 2단계를 시작할 때다.

수를 만드는 규칙을 깨우치는 2단계: 등식

지금쯤이면 여러분의 자녀는 1부터 20까지의 수량을 인식한 상태다. 이 지점에 이르면 예전 카드를 다시 반복해서 보여 주고 싶은 유혹이 때때로 생긴다. 하지만 이런 유혹에 넘어가서는 안 된다. 반복은 아이를 지루하게 만든다. 아이들은 새로운 수를 배우는 것은 무척 좋아하지만, 보았던 수를 보고 또 보는 것은 싫어한다.

복습 말고도 아이를 시험해 보고 싶은 유혹 역시 생길 수 있다. 이 또한 금물이다. 시험은 반드시 부모에게 긴장감을 불러일으키고, 아이는 이것을 금세 눈치챈다. 그러면 아이는 학습과 긴장을 연결 지어, 배움을 곧 불쾌한 것으로 인식하게 될 수 있다. 시험에 관해서는 이 책의 후반부에서 매우 자세히 다루도록 하겠다.

기회가 될 때마다 당신이 얼마나 아이를 사랑하고 존중하는지를 확실히 보여 주어야 한다. 수학 수업은 늘 웃음꽃이 피고 몸으로 애정을 표현하는 시간이 되어야 한다. 부모와 자녀에게 완벽한 보상이 되는 시간이어야 한다.

아이가 1에서 20까지의 수량을 이해했다면, 이제는 이 수량을 조합하면 어떤 새로운 수량이 나오는지 알아볼 수 있다. 즉, 덧셈을 시작할 준비가 되었다는 뜻이다.

아이는 이미 덧셈의 규칙을 알고 있다

덧셈을 가르치기 시작하는 과정은 매우 쉽다. 사실, 당신의 아이는 지난 몇 주간 이미 이 과정을 지켜보고 있었다.

당신이 새로운 카드를 보여 줄 때마다 아이는 새로운 점 하나가 추가되는 것을 보았다. 이 과정은 매우 예측하기 쉬워서 아이는 아직 보지 않은 카드도 미리 예측하기 시작한다. 하지만 아이가 '21'이라는 수량을 일컫는 이름을 예측하거나 추론할 수는 없다. 아마도 아이는 당신이 보여 줄 다음 카드가 '20 카드'와 똑같이 생겼으나 점이 하나 더 있을 거라는 정도만 알아차렸을 것이다.

이것이 바로 덧셈이다. 아이는 지금 이 과정을 무엇이라고 부르는지 아직 모르지만, 덧셈이란 무엇인지 그리고 어떻게 작동하는지에 대한 기초적인 개념은 갖고 있다. 당신이 아이에게 덧셈을 보여 주기도 전에 아이는 먼저 이 지점에 도달해 있을 것이라는 사실을 꼭 알아야 한다.

아이는 등식을 보는 것만으로도 배운다

이 단계에서 학습 자료를 준비할 때는 이미 만든 카드들의 뒷면에 연필이나 펜으로 덧셈 등식을 여러 개 적어 두기만 하면 된다. 계산기를 두드리며 몇 분만 할애하면 1에서 20까지의 카드 뒷면마다 상당히 많은 수의 등식을 적을 수 있다. 이 책의 부록에는 당신이 처음 시작할 때 활용할 만한 등식 몇 가지가 수록되어 있다. 예를 들면, '10 카드'의 뒷면은 오른쪽 페이지에 제시된 것과 같아야 한다.

이 과정을 시작하기 위해 무릎 위에 1, 2, 3 카드를 뒤집어 놓는다. 그런 다음, 행복하고도 열정적인 어투로 말하기만 하면 된다. "일 더하기 이는 삼(1 + 2 = 3)이야." 이 말을 하면서 해당되는 숫자의 카드를 보여 준다. 다시 말해, '1 카드'를 들고 보여 주면서 "일(1)"이라고 말하고 (1 카드를 내려놓은 다음) "더하기(+)"라고 말하면서 (2 카드를 집어 들고) "이(2)"라고 말하고 (2 카드를 내려놓은

$$1 + 9 = 10$$
$$2 + 8 = 10$$
$$3 + 7 = 10$$
$$4 + 6 = 10$$
$$5 + 5 = 10$$

$$20 \div 2 = 10$$
$$30 \div 3 = 10$$
$$40 \div 4 = 10$$
$$70 \div 7 = 10$$
$$100 \div 10 = 10$$

$$1 + 2 + 3 + 4 = 10$$
$$20 - 10 = 10$$
$$30 - 20 = 10$$
$$80 - 70 = 10$$
$$100 - 90 = 10$$

$$15 - 5 = 10$$
$$16 - 6 = 10$$
$$17 - 7 = 10$$
$$18 - 8 = 10$$
$$19 - 9 = 10$$

다음) "는(=)"이라고 말하면서 (3 카드를 집어 들고) "삼(3)"이라고 하면 된다.

이렇게 하면 '내 것'과 '네 것'의 의미를 배울 때처럼 아이는 '더하기(+)'와 '은/는(=)'이라는 말의 의미를 행동과 맥락으로 파악하면서 배우게 된다.

이 과정도 아주 신속하고 자연스럽게 진행되어야 한다. 이번에도 숙달될 때까지는 배우자를 대상으로 연습해 보자. 이때의 요령은, 수학 수업이 곧 시작된다는 것을 아이가 눈치채기 전에 카드를 미리 준비해 두는 것이다. 아이가 얌전히 앉아서 부모가 카드를 찾는 모습을 지켜보기를 기대해서는 안 된다. 그 사이에 아이는 기어서 다른 곳으로 가 버릴 것이다. 그리고 그렇게 하는 것이 당연하다. 아이의 시간도 소중하긴 마찬가지다.

다음 날 사용할 등식 카드는 전날 밤에 미리 순서에 맞게 준비해 두자. 그래야 수업하기 좋은 순간이 오면 언제든 할 수 있다. 앞으로 1부터 20까지의 간단한 등식만 다루지는 않을 것이다. 얼마 지나지 않아, 암산으로는 선뜻 정확한 답을 구할 수 없는 복잡한 등식도 다루게 될 테니 마음의 준비를 해 두어야 한다.

각각의 등식을 보여 주는 시간은 단 몇 초면 된다. '더하기'나 '은/는'이 무슨 뜻인지 설명할 필요는 없다. 당신은 이미 그 말이 실제로 무엇을 의미하는지 보여 주고 있기 때문이다. 아이는 등식이 이루어지는 과정을 단지 귀로 듣기만 하는 것이 아니라 실제로 보고 있다. 등식을 보여 주는 단순한 행동만으로도 아이는 '더하기'와 '은/는'의 분명한 정의를 알게 된다. 이것이야말로 가장 좋은 교육법이다.

누군가 "일 더하기 이는 삼이야."라고 하면, 어른들은 마음의 눈으로 '1 + 2 = 3'을 본다. 사실보다는 기호를 보는 것이 우리 어른들의 한계기 때문이다. 반면, 아이의 눈에는 다음과 같이 보인다.

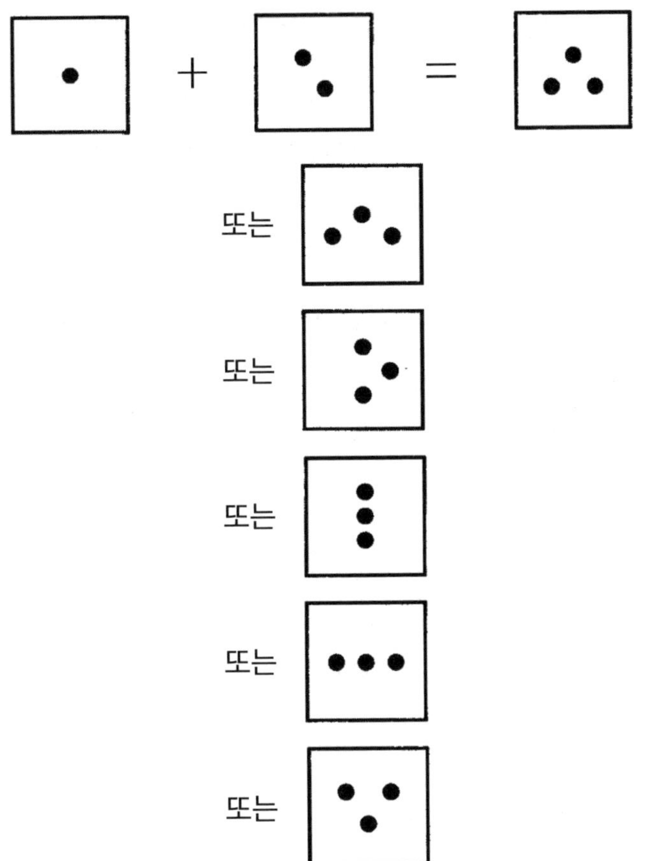

아이는 위의 그림 모두를 3이라고 인식한다. 어린아이들은 사실을 보지, 기호를 보지 않는다.

아이에게 등식을 이야기하는 방식은 항상 일관되어야 한다. 매번 같은 표현을 사용하자. "일 더하기 이는 삼이야."라고 말하다가 어떤 날은 "일과 이가 만나면 삼이 된단다." 같은 식으로 말해선 안 된다. 사실에서 규칙을 도출하는 것은 아이의 몫이다. 하지만 그러려면 어른들이 일관성을 보여 주어야 한다. 부모가 어휘를 바꿔 가면서 말하면 당연히 아이들은 규칙도 바뀌었다고 생각할 수 있다.

각각의 수업은 1단계와 마찬가지로 등식 3개로 구성되어야 한다. 3개보다 적은 것은 괜찮지만 넘어서는 안 된다. 수업 시간은 늘 짧아야 한다는 것을 명심하자.

2단계는 매일 3회 실시하도록 한다. 수업마다 다른 등식 3개가 등장하므로 매일 9개의 서로 다른 등식을 공부하게 된다. 같은 등식을 계속해서 다시 반복할 필요는 없다. 날마다 전날과 다른 새로운 등식을 가르치도록 한다.

같은 수업에서는 예측 가능한 패턴의 등식을 피해야 한다. 예를 들면 아래와 같다.

$$1+2=3$$
$$1+3=4$$
$$1+5=6$$
$$\vdots$$

대신 다음과 같이 하면 훨씬 더 좋은 수업이 된다.

$$1+2=3$$
$$2+5=7$$
$$4+8=12$$

덧셈 등식은 위 예시처럼 두 수를 더하는 형태로 유지하는 것이 가장 좋다. 이렇게 하면 수업에 속도감과 생동감이 있어서 어린아이에게 적합하다. 1부터 20까지의 카드를 사용해서 만들 수 있는 두 수 덧셈 등식은 무려 190가지나 되기 때문에, 첫 주에 아이디어가 고갈되지 않을까 걱정할 필요는 없다. 자료는 차고도 넘친다.

매일 9개씩 다양한 덧셈 등식을 2주간 공부했다면 이제는 뺄셈으로 진도가 나가야 할 시간이다. 그렇지 않으면 당신의 아이는 주의력과 흥미를 잃고 말 것이다. 점을 더한다는 개념이 무엇인지 매우 명확해졌으니 이제는 뺄셈을 이해할 준비도 되었을 것이다.

뺄셈을 가르치는 과정은 앞서 덧셈을 가르쳤던 과정과 정확히 일치한다. 이 방법은 아이가 언어를 배우는 방법과도 똑같다.

도트 카드의 뒷면에 다양한 등식을 적어서 준비한다. 먼저,

"삼 빼기 이는 일(3 - 2 = 1)이야."라고 말한다. 이번에도 등식에 등장하는 카드 3장을 무릎 위에 준비해 놓고 그 수를 말할 때 해당 카드를 보여 준다.

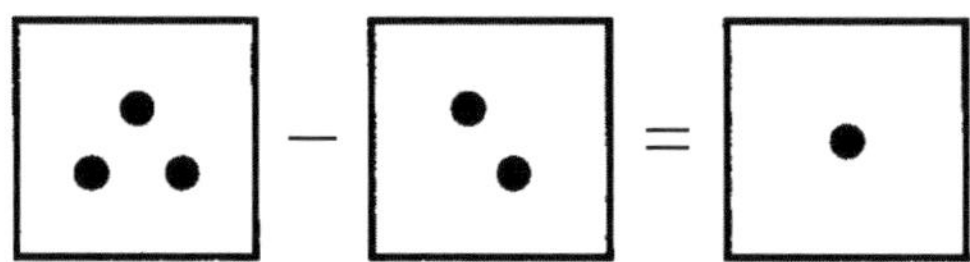

지금쯤이면 1단계(수량)에서는 20을 넘는 수까지 진도가 나갔을 테니, 뺄셈 등식을 만들 때 사용할 수의 선택의 폭이 훨씬 넓어졌을 것이다. 주저하지 말고 더 큰 수들도 마음껏 활용하자.

이제 덧셈 등식은 그만하고 그 시간에 뺄셈 등식을 가르쳐도 된다. 이 시점이 되면 뺄셈 등식을 3개씩 배우는 수업을 매일 3회씩 진행하면서, 동시에 100까지의 수량을 인식하기 위한 도트 카드 수업도 매일 두 세트를 각 3회씩 진행하게 된다. 이로써 하루에 총 9번의 아주 짧은 수학 수업을 진행하는 셈이다.

일일 프로그램

- 세션1: 도트 카드
- 세션2: 뺄셈
- 세션3: 도트 카드
- 세션4: 도트 카드
- 세션5: 뺄셈
- 세션6: 도트 카드
- 세션7: 도트 카드
- 세션8: 뺄셈
- 세션9: 도트 카드

이런 진행 방식의 가장 큰 장점은 아이가 아래 그림의 수량과 그 수량을 부르는 이름(십이)을 이미 알고 있다는 데 있다.

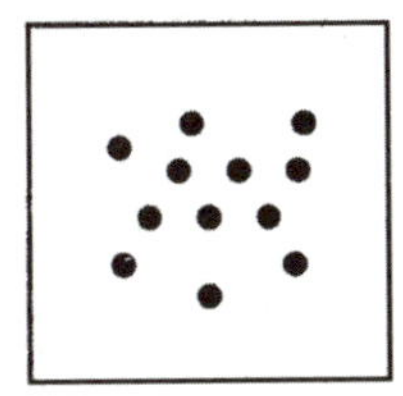

이 방식에는 아이에게 만족감을 주는 두 가지 기본 요소가 있다. 아이가 좋아하는 첫 번째 요소는 자신이 이미 알고 있는 도트 카드를 다시 본다는 점이다. 두 번째 요소는 이미 알고 있는 두 수량끼리의 뺄셈을 통해 새로운 개념(수량)이 도출된다는 사실을 알게 되는 것이다. 아이에게는 몹시 흥분되는 일이다. 아이의 눈 앞에서 수학의 마법을 이해하는 문이 열리기 때문이다.

이후 2주간은 뺄셈이 수업의 중심이 된다. 그러는 동안 당신은 약 126개의 서로 다른 뺄셈 등식을 자녀에게 보여 주게 된다. 이 정도면 충분하다. 가능한 모든 조합을 만들 필요는 없다. 이제 곱셈으로 넘어갈 시간이다.

레퍼토리를 늘려 곱셈과 나눗셈을 알려 주자

곱셈은 덧셈의 반복에 불과하다. 그래서 아이에게 처음으로 곱셈 등식을 보여 줘도 아이에게는 대단한 발견으로 다가오지 않는다. 하지만 이 과정을 통해 수학 언어를 더 많이 배우게 되어 많은 도움을 받게 될 것이다.

아이의 도트 카드 레퍼토리가 매일 늘어나면서, 이제는 꽤 큰 수를 곱셈에 사용할 수 있다. 그렇다고 이런 순간이 금세 오지는 않는다. 곱셈을 하려면 답으로 보여 줄 더 큰 수가 필요하기 때문이다. 도트 카드 뒷면에는 가능한 한 많은 곱셈 등식을 적어서 준비한다.

카드 3장을 사용하면서 이렇게 말한다. "이 곱하기 삼은 육(2× 3 = 6)이야."

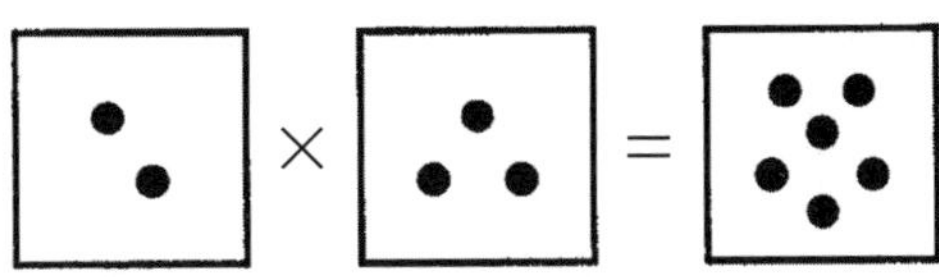

앞선 활동에서 '더하기(+)', '빼기(-)', '은/는(=)'의 의미를 배운 것과 똑같은 방식으로 아이는 '곱하기(×)'라는 말의 의미를 배우게 된다.

이제 뺄셈 수업은 곱셈 수업으로 대체된다. 덧셈, 뺄셈 수업과 마찬가지로 곱셈 등식 3개씩 보여 주는 수업을 매일 3회 진행한다. 그러는 동안 도트 카드 수업에서 배우는 수량의 크기도 계속해서 커진다.

이상적으로 수업이 진행되고 있다면, 당신의 아이는 오로지 도트 카드로만 실제의 수를 보아 왔으며 '1'이나 '2' 등 어떠한 숫자 기호도 본 적이 없는 상태일 것이다.

이후 2주간은 곱셈에 할애한다. 아래 그림처럼, 한 수업 내에서 예상 가능한 패턴으로 등식을 가르치지 않도록 주의하자.

2×3=6

2×4=8

2×5=10

물론, 이런 패턴도 가치가 있다. 이 책 후반에 가면 이런 패턴을 아이에게 언제 가르치면 좋을지 다루겠지만 아직은 때가 아니다. 지금은 아이가 '다음 순서는 뭘까' 하는 궁금증을 품게 만들어야 한다. 이러한 순수한 궁금증은 어린아이만의 고유한 특성이며, 부모는 수업마다 아이가 품고 있는 수수께끼에 대한 새로운 해답을 제공해야 한다.

아이가 가장 좋아하는 카드를 꺼낼 차례다

지금까지 당신은 두 달이 채 안 되는 시간 동안 자녀와 함께 수학을 즐기면서 이미 1부터 100까지의 수량 인식하기, 더하기, 빼기, 곱하기를 마쳤다. 적은 시간을 투자하고도 수학적 언어를 배우는 흥분과 모험을 누렸으니 꽤 괜찮은 성과다.

방금 도트 카드 가르치기를 마쳤다고 말하기는 했지만, 사실 완전히 끝난 것은 아니다. 아직 가르쳐야 할 수량 카드가 하나 더 남아 있기 때문이다. 이 카드를 마지막까지 아껴 두었던 이유는, 이 카드야말로 어린아이들이 아주 좋아하는 특별한 카드라서다.

고대 수학자들이 '0'이라는 개념을 생각해 내기까지는 5,000년이 걸렸다고 한다. 이 말이 사실이든 아니든, 어린아이들은 수량

의 개념을 깨치고 나면 '수량이 없음'이라는 개념의 필요성도 자
연스럽게 이해하게 된다. 이는 놀라운 일이 아니다.

　어린아이들은 0을 무척이나 좋아한다. 게다가 실제량의 세계
로 떠나는 모험에 0을 나타내는 도트 카드가 포함되지 않으면 이
모험은 완성될 수 없다. 이 카드는 만들기도 굉장히 쉽다. 다른 도
트 카드와 똑같은 크기의 종이에, 아무 점도 붙이지 않으면 된다.

　'0 카드'는 매번 아이들의 마음을 사로잡을 것이다. 이제부터
는 자녀에게 덧셈, 뺄셈, 곱셈 등식을 보여 줄 때 '0 카드'를 사용
하라. 예를 들면 다음과 같다.

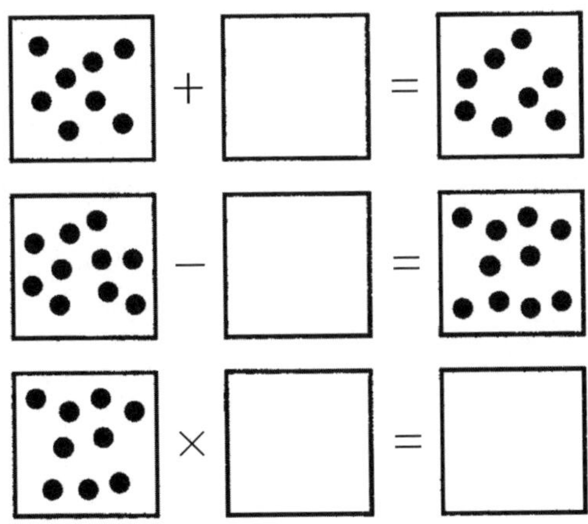

　이렇게 해서 실제 수량을 나타내는 도트 카드 수업을 마쳤다.
그렇다고 도트 카드 활용이 끝난 것은 아니다. 앞으로도 우리는

새로운 수학 개념을 도입할 때 여러 방식으로 이 카드를 사용할 것이다.

2주간 곱셈을 공부했으면, 이제 나누기로 진도가 나갈 시간이다. 자녀가 0부터 100까지 도트 카드를 다 뗐으니, 이 카드들을 나눗셈 등식의 기본으로 사용할 수 있다. 도트 카드 뒷면에 나눗셈 등식들을 최대한 많이 적어 준비한다. 이제 아이에게 "육 나누기 이는 삼($6 \div 2 = 3$)이야."라고 말하기만 하면 된다.

아이는 다른 말의 의미를 배울 때와 정확히 똑같이 '나누기'라는 말의 의미를 배운다. 마찬가지로 서로 다른 등식이 3개씩 포함된다. 하루에 수업을 3회씩 진행하면, 매일 서로 다른 나눗셈 등식을 9개씩 다루게 된다.

이쯤 되면 아이도 당신도 매우 수월하게 수업을 진행할 수 있을 것이다. 2주간 나눗셈을 가르쳤으면, 2단계를 완전히 완료한 것이다. 이제 드디어 수학 학습의 3단계로 나아갈 준비가 된 셈이다.

배움과 성취의 기쁨을 주는
3단계: 문제 해결

지금까지 수업을 진행하면서 아이에게 부담을 주지 않고 너그럽게 대하려고 노력했다면, 당신은 잘하고 있다. 아이를 시험하려 들지도 않았을 테니 말이다. 지금까지 아이를 어떻게 가르쳐야 하는지에 대해서는 자세히 이야기했지만, 시험에 대해서는 자세히 다루지 않았다. 이번 단계에서는 '시험'의 위험성을 알려 주려고 한다.

요점은 '아이를 시험하려 들지 말라'다. 아이는 배움을 좋아하지만, 어른과 마찬가지로 시험받기는 싫어한다. 시험은 배움과는 정반대의 성격을 가지며, 아이에게 스트레스만 준다. 시험을 많이 볼수록 아이는 느리게 배울 뿐만 아니라 점점 더 배움의 의지를 잃는다. 반대로 시험을 적게 볼수록 아이는 빠르게 배울 뿐만 아니라 점점 더 배우고 싶어 한다. 지식은 부모가 아이에게 줄 수 있는 가장 소중한 선물이다. 아이에게 영양가 있는 음식을 주듯이 지식도 아낌없이 주어야 한다.

그렇다면 시험이란 무엇인가?

본질적으로 시험은 아이가 무엇을 '모르는지' 알아내려는 시도다. "아빠한테 이 문제의 답을 말해 볼래?"라는 질문을 던지면서 곤란하게 만드는 식이다.

시험은 근본적으로 아이를 존중하지 않는 행동이다. 아이가 계속해서 증명해 내지 못하면 자신의 능력을 의심받을 것이라고 인식하게 만든다. 시험에는 아이가 모르는 것을 드러내려는 부정적인 의도가 깔려 있다. 시험은 아이의 의지와 성취를 저해한다. 그러므로 부모든, 다른 누구든 절대 아이를 시험하지 말라.

그렇다면 현명한 부모는 어떻게 해야 할까? 아이를 시험하고 싶지는 않지만 아이를 가르치고 싶고, 아이가 배움과 성취의 기쁨을 느낄 기회를 주고 싶은 부모라면 시험 대신 '문제 해결의 기회'를 주어라. 문제 해결의 기회를 주는 목적은 아이가 자발적으로, 자신이 알고 있는 것을 보여 줄 기회를 주는 데 있다. 시험의

136

목적과는 정확히 반대다.

이제 당신은 아이를 시험할 준비가 아니라, 아이에게 문제를 해결하는 방법을 가르칠 준비가 되었다. 아이는 자기가 알고 있는 것을 매우 즐겁게 보여 줄 것이다.

도트 카드 2장을 들어 보여 주는 것만으로도 아주 간단한 문제 해결 기회가 된다. 예를 들어, '15 카드'와 '32 카드'를 보여 주면서 질문을 던진다. "32는 어디 있을까?" 아이에게는 카드를 보거나 만질 좋은 기회다. 만약 아이가 32개의 점이 있는 카드를 보거나 만지면, 당신은 자연스럽게 반응하고 기뻐하면 된다. 만약 아이가 다른 카드를 보면, 차분한 태도로 "이건 32야." 그리고 "이건 15야."라고 말해 주면 된다.

당신은 행복하고 열성적이고 편안한 태도를 유지해야 한다. 만약 아이가 질문에 반응하지 않는다면, 점 32개가 있는 카드를 조금 더 가까이 보여 주면서 다시 한번 행복하고 열성적이고 편안한 어조로 말한다. "이게 32야, 그렇지?" 그러면 끝이다. 아이가 어떻게 반응하든 승자는 아이와 당신이다. 부모가 행복하고 편안하면 아이는 부모와 함께하는 이 시간을 즐길 것이다.

이 같은 문제 해결 기회는 각 등식 수업의 마지막에 넣어도 된다. 등식 3개를 보여 주는 것으로 수업을 시작하고, 마지막에 아이가 하나의 문제를 자발적으로 풀 수 있도록 기회를 주면 주고 받는 균형이 생긴다.

아이에게 두 카드 중에서 하나를 고를 기회를 주는 방식이 만족스럽게 느껴진다면, 이내 등식의 답을 고르게 하는 방식으로 넘어가야 한다. 이 방식이 아이에게도, 당신에게도 훨씬 더 흥미롭기 때문이다. 이러한 문제 해결 기회를 제공하려면, 등식을 보여 줄 때 필요한 카드 3장과 함께 선택지로 사용할 카드 1장이 더 필요하다. 아이에게 답을 요구하지 말고, 항상 가능한 답 2개 가운데 하나를 고르도록 선택권을 주어야 한다.

아이가 아주 어리다면 말을 할 줄 모르거나 이제 막 말문이 트이기 시작한 상태일 것이다. 따라서 말로 답해야 하는 문제 해결 상황은 아이에게 매우 어렵거나 불가능한 과제일 수 있다. 말을 시작한 아이들조차도 말로 답하기를 싫어할 수 있다(그것 자체가 또 하나의 시험으로 여겨지기 때문이다). 그러니 아이에게 선택지를 제공하는 형태로 기회를 주도록 하자. 지금은 아이에게 말이 아니라 수학을 가르치고 있음을 명심하라. 아이는 선택하는 것을 매우 쉽고 재미있게 여길 테지만, 말하라는 요구를 받으면 금세 짜증스러워할 것이다.

이제 당신은 도트 카드 가르치기와 덧셈, 뺄셈, 곱셈, 그리고 나눗셈의 시작 단계를 모두 완료했다. 따라서 등식 수업을 훨씬 더 정교하고 다채롭게 만들 수 있다. 앞으로도 등식 수업은 계속해서 하루에 3회씩 진행한다. 수업마다 완전히 다른 등식 3개를 계속해서 보여 주되, 이제는 등식에 사용되는 카드 3장을 모두 보여 줄 필요가 없다. 오로지 정답 카드만 보여 주면 된다. 이렇게 하면 수업이 더욱 빠르게 진행되고 쉬워진다. 그냥 "이십이 나누기 십일은 이($22 \div 11 = 2$)야."라고 하면서 답을 말할 때 '2 카드'를 보여 주기만 하면 된다. 아주 간단하다.

아이는 이미 '22'와 '11'을 알고 있으므로 등식에 나오는 수를 전부 다 보여 줄 필요가 없다. 엄밀히 말하면 답도 보여 줄 필요가 없다. 하지만 가르칠 때 시각 자료를 사용하는 편이 부모에게도 도움이 되며, 아이도 시각적 요소를 더 선호한다.

이제는 '3단 등식'으로 넘어갈 차례다

이제 등식 수업은 덧셈 등식 1개, 뺄셈 등식 1개, 나눗셈 등식 1개처럼 다양한 등식으로 구성된다. 지금이야말로 3개의 수를 연산하는 등식으로 진도를 나가면서 아이가 즐기는지 지켜보기 좋은 때다. 당신이 수업을 충분히 빠르게 진행해 왔다면 이 단계도 아이는 즐길 것이다.

계산기를 들고 앉아 각 도트 카드의 뒷면에 '3단 등식'을 1~2개씩 적자. 예를 들면 아래와 같다.

<table>
<tr><td>등식</td><td>$2 \times 2 \times 3 = 12$</td></tr>
<tr><td></td><td>$2 \times 2 \times 6 = 24$</td></tr>
<tr><td></td><td>$2 \times 2 \times 9 = 36$</td></tr>
<tr><td>문제 해결</td><td>$2 \times 2 \times 12 = ?$</td></tr>
<tr><td></td><td>48 또는 52</td></tr>
</table>

이제 당신의 아이는 하루에 3단 등식 9개를 접하게 되었으며, 수업마다 문제 해결의 기회를 1번 가진다. 말하자면 수업 때마다 처음 세 등식에 대한 정답을 아이에게 알려 주고, 마지막에는 아이가 네 번째 등식의 정답을 고를 기회를 주면 된다. 이런 등식들로 몇 주간 진행하다 보면, 또다시 수업에 약간의 양념을 추가할 때가 온다.

이제부터 당신은 아이들이 제일 좋아할 특정 유형의 등식을 보여 주게 될 것이다. 먼저, 덧셈과 뺄셈 혹은 곱셈과 나눗셈이 조합된 등식을 사용하기 시작하라. 이렇게 하면 당신의 아이는 다음의 두 사실을 알게 된다.

1. 덧셈과 뺄셈은 본질적으로 하나의 연산을 변형한 것이다.

2. 곱셈과 나눗셈 역시 하나의 연산을 변형한 것이다.

어떤 수를 빼는 행위는 사실 그 수의 음수를 더하는 것에 불과하다. 예를 들어, 7에서 3을 빼는 것은 7에 -3을 더하는 것과 같다. 또, 어떤 수로 나누는 것은 사실 그 수의 역수를 곱하는 것일 뿐이다. 예를 들어, 30을 5로 나누는 것은 30에 1/5을 곱하는 것과 같다.

이러한 법칙들은 지금 당장 아이에게 명시적으로 가르칠 대상은 아니다. 나중에 때가 되면 다루게 된다. 지금 당신은 훗날의 학습을 위한 토대를 쌓는 중이다. 그래야 나중에 해당 개념이 등장했을 때 아이가 이를 자연스럽게 받아들일 수 있기 때문이다.

이렇게 새로운 단계에 들어가면, 공통된 요소가 있는 등식들 속의 패턴을 아이가 탐색할 기회도 제공할 수 있다. 예를 들어, 다음과 같은 방식이다.

$$40+15-30=25$$
$$40+15-20=35$$
$$40+15-10=45$$

$$7+15+8=30$$
$$7+8+15=30$$
$$15+8+7=30$$

$$4\times3\times5=60$$
$$3\times5\times4=60$$
$$5\times3\times4=60$$

$$6\times14\div2=42$$
$$6\div2\times14=42$$
$$14\div2\times6=42$$

아이들은 마치 수학자처럼, 이러한 관계와 패턴 들을 틀림없이 재미있어할 것이다. 이때 주의 사항이 하나 있다. 기본 연산 두 가지, 즉 덧셈/뺄셈과 곱셈/나눗셈을 뒤섞지 않도록 조심해야 한다. 심각한 오류가 나올 수 있기 때문이다. 이런 오류는 연산 법칙과 그 이유를 모두 배운 후에야 피할 수 있다. 이 내용은 책의 후반부에서 다룰 예정이다.

몇 주가 지나면, 기존의 등식에 항을 하나 더 추가한다.

$$56+20-4-4=68$$
$$56+20-8-4=64$$
$$56+20-16-4=56$$

이 마지막 등식은 특히 더 재미있을 것이다. 이처럼 4개의 수를 연산하는 등식은 매우 흥미롭다. 처음에는 자녀에게 수학을 가르치는 일에 부담과 두려움이 앞섰다면, 이제는 당신도 긴장이 풀려 복잡한 등식을 다루는 일을 아이만큼이나 즐기고 있을 것이다.

때로는 일정한 패턴이 있는 등식 혹은 서로 아무런 관련성이 없는 등식을 3개씩 보여 주어도 된다. 예를 들면 아래 그림과 같다.

$$100 \div 5 \div 4 \div 5 = 1$$
$$1 + 2 + 3 + 4 + 5 = 15$$
$$80 - 40 - 20 + 60 = 80$$

당신은 아이가 등식을 푸는 속도에 깜짝 놀라 혹시나 아이가 초능력을 발휘하고 있지는 않은지 궁금해질 것이다. 2세 아이가 어른보다 빨리 수학 문제를 푸는 모습을 보면, 어른들은 다음과 같은 순서대로 추정한다.

1. "추측해서 맞춘 거겠지."

하지만 아이의 답이 대부분 맞다면, 당신의 추측이 틀렸을 확률이 더 높다.

2. "점이 아니라 패턴을 인식하는 거 아냐?"

말도 안 된다. 아이는 무리 지어 서 있는 사람들의 수를 인식할 수 있다. 누구도 사람들이 하나의 패턴을 그대로 유지하며 서 있게 할 수는 없다. 만약 아이들이 패턴을 인식하는 거라면 어린아이들은 '75 카드' 위의 패턴을 한 번 보고도 알아채는데 당신은 왜 알아보지 못하는가?

3. "일종의 요령이나 속임수가 있는 게 분명해."

아이를 가르친 사람은 바로 당신이다. 당신은 속임수를 썼는가?

4. "내 아이에게 초능력이 있나 봐!"

미안하지만, 아니다. 아이는 그저 '사실 학습'의 달인일 뿐이다. 만약 아이가 초능력자라면 우리는 《아기를 초능력자로 만드는 법》이라는 책을 썼을 것이다. 안타깝게도 우리는 어떻게 하면 어린아이들을 초능력자로 만드는지 모른다.

이제 가능성은 무한히 열려 있다. 당신은 어떤 방향으로든 수학적 문제 해결법을 가르칠 수 있다. 당신이 어디로 가기로 마음을 먹든, 당신의 아이는 기꺼이 따를 것이다.

더 많은 영감을 얻길 바라는 부모들을 위해 다음과 같은 몇 가지 개념을 추가로 소개한다.

1. 수열

2. 대소 관계

3. 등식과 부등식

4. 수의 개성

5. 분수

6. 간단한 대수학

이것들은 모두 도트 카드를 사용해서 가르칠 수 있으며, 실제로 그래야 한다. 이 방법으로 가르치면, 아이들은 어른들처럼 '기호 조작법'을 배우는 대신 실제 수량에 무슨 일이 일어나는지를 파악하기 때문이다.

1. 수열

수학자들은 순서대로 배열된 수를 관찰하여 얻은 결과에 매료된다. 고대 그리스의 수학자들은 그들이 결코 이해하지 못한 특정 종류의 수열에서 역설을 발견했다. 그중 일부는 몇몇 고등 수학 분야의 탄생과 관련된다.

훌륭한 수학자들처럼, 어린아이들도 수열을 좋아한다. 당신은 도트 카드를 사용하여 손쉽게 아이들에게 0과 자연수만으로 된 수열을 소개할 수 있다. 가장 명백한 수열부터 시작한다. 예를 들면 아래와 같다.

2, 4, 6, 8, 10, 12, 14, 16, 18, 20

5, 10, 15, 20, 25, 30, 35, 40, 45, 50, 55, 60

10, 9, 8, 7, 6, 5, 4, 3, 2, 1, 0

당신의 아이는 이러한 수열을 보면서 수학에는 순서와 패턴이 있다는 것을 금세 파악하고 재미있어할 것이다. 위의 세 수열을 가리켜 수학자들은 **등차수열**이라고 한다. 등차수열은 어떤 수에서든 출발할 수 있다. 항의 개수는 몇 개여도 상관없으며 유한할 수도 있고 무한할 수도 있다. 물론, 아이에게 가르칠 때는 유한 수열만 다룬다. 등차수열에서는 연속하는 두 항 사이의 공차(연속되는 두 항의 차)가 양수이거나 음수일 수 있다. 앞선 세 수열을 보면, 공차는 각각 2, 5, -1이다. 구구단을 이루는 등차수열을 보여 줄 수도 있다. 그러면 아이가 곱셈을 배울 때 확실히 도움이 된다.

등차수열 외에 또 다른 주요 수열은 **등비수열**이다. 등비수열에서는 연속하는 두 항 사이에 공비(연속되는 두 항 사이의 비)가 존재한다.

1, 2, 4, 8, 16, 32, 64

80, 40, 20, 10, 5

81, 27, 9, 3, 1

위의 예를 보면 각각 공비가 2, 1/2, 1/3인 등비수열임을 알 수 있다.

아이들은 순서에 따라 다음에 와야 하는 카드가 무엇인지 아는 기가 막힌 능력이 있다. 아이에게 다양한 수열을 보여 준 다음, 문제 해결 기회를 주면 된다. 보통의 경우처럼 수열 전체를 보여 준 다음, 마지막에 카드 2장을 들고 (한 장은 다음 순서에 오는 카드고 나머지 한 장은 임의로 아무것이나 택한다) 묻는다. "이다음에 오는 건 뭐지?"

나중에는 더 복잡한 수열을 만나게 될 것이다. 지금 당신이 수열로 하는 작업은 심화 학습을 위한 발판이 된다.

2. 대소 관계

아이는 분명 더 큰 것과 더 작은 것의 개념을 이미 알고 있을 것이다. 그래도 수학자들이 그런 조건을 기술하는 데 사용하는 언어는 배워 두어야 한다. 이 언어는 도트 카드를 이용해서 매우 쉽게 가르칠 수 있다.

먼저, 새로운 카드 2장을 만들어야 한다. 앞서 만든 도트 카드와 같은 크기로 만든다. 한 장에는 '더 크다'를 나타내는 부등호(>)를, 다른 한 장에는 '더 적다'를 나타내는 부등호(<)를 적는다. 그러면 다음 그림과 같은 모습이 된다.

이번 수업은 대소 관계를 나타내는 부등식 3개를 보여 주면 되기 때문에 매우 짧게 끝난다. 예컨대, '이십오는 오보다 크단다

(25>5).' 같은 식이다. 앞서 했던 것처럼 한 번에 카드 하나를 보여 주는 대신, 이번에는 바닥에 자리를 잡고 앉아 말할 때마다 각각의 카드를 바닥에 내려놓는 방법을 쓴다. 그래야 자녀가 카드 3장을 동시에 볼 수 있다. 늘 하던 대로 수업당 3개의 부등식을 보여 준다.

며칠 후에는 이 과정도 문제 해결에 포함해야 한다. 가령, '68 카드'와 '더 크다(>) 카드'를 바닥에 놓으면서 아이에게 묻는다. "이쪽(오른쪽)에는 어떤 카드가 와야 할까? 28 아니면 96?" 이번에도 질문에 대한 답으로 '더 크다(>) 카드' 다음에 올 카드를 아이에게 선택하게 한다.

3. 등식과 부등식

등식과 부등식을 가르치는 과정은 대소 관계를 가르치는 과정과 매우 유사하다. 먼저, 새 카드 6장이 필요하다. 연산기호 카드도 다른 카드와 같은 크기로 만든다. 심이 두꺼운 빨간색 펜으로 더하기(+), 빼기(-), 곱하기(×), 나누기(÷), 등호(=), 같지 않다(≠) 기호를 적는다. 기호들은 크고 또렷하고 깔끔하게 적어야 아이들이 쉽게 볼 수 있다.

각 카드 뒷면의 왼편 위쪽 귀퉁이에 앞면의 기호를 똑같이 연필로 적어 둔다. 이렇게 하면 당신이 아이에게 카드를 보여 줄 때 무슨 기호가 적혀 있는지 알 수 있고, 가르칠 때 카드 앞면에 어떤 기호가 적혀 있는지 보려고 매번 카드를 뒤집어 보지 않아도 된다. 게다가 매번 카드를 뒤집어 보는 방식은 아이의 주의를 산만하게 할 뿐만 아니라 수업 속도도 느리게 만든다.

새로 만든 카드는 다음 그림과 같다.

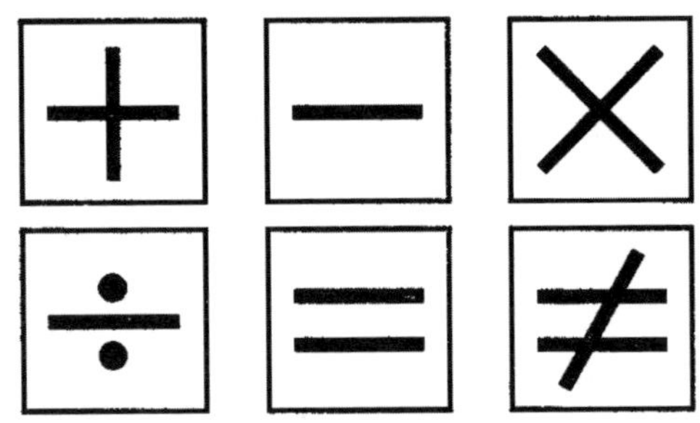

이제는 도트 카드 하나만 사용해서 등식과 부등식을 보여 주는 대신, 간단한 덧셈과 뺄셈 등식으로 시작할 것이다. 몇 가지 예시를 들자면 아래와 같다.

$$2+4\neq2+5$$

$$4+5\neq4+6$$

$$25+4\neq25+5$$

$$8-6\neq8-7$$

$$10-3=8-1$$

$$55-10\neq50-10$$

$$3\times5=5\times3$$

$$5\times4\neq2\times12$$

$$5\times6=10\times3$$

$$100\div50=10\div5$$

$$20\div5\neq10\div2$$

$$5\div1=25\div5$$

등식은 한 번에 하나씩 바닥에 내려놓으면서 진행하는 편이 가장 좋다. 그래야 아이가 등식 전체를 한눈에 볼 수 있다. 카드를 바닥에 내려놓으면서 이렇게 말한다. "이 더하기 사와 이 더하기 오는 같지 않단다($2 + 4 \neq 2 + 5$)." 또는 "사 더하기 오는 삼 더하기 육과 같단다($4 + 5 = 3 + 6$)."

이렇게 하면 아이는 매우 중요한 수학 기호 6개를 배우게 되며, 아이 자신도 이 기호들을 의미 있게 여기게 될 것이다. 어쨌거나 아이는 이미 몇 달 동안이나 덧셈, 뺄셈, 곱셈, 나눗셈을 해왔기 때문이다. 그러니 지금 아이는 이런 기호들을 배울 준비가 충분히 된 상태다.

4. 수의 개성

도트 카드를 보여 주다 보면, 아이가 특정 카드를 유독 좋아하는 모습을 볼 수도 있다. 아이는 각 카드의 점 배열에 드러나는 나름의 미학에 반응하는 것일지 모른다. 그런데 그 외에도, 각각의 수는 하나하나가 매우 특별한 개성을 지니고 있다. 당신의 아이도 이런 사실을 감지하고 있을지 모른다. 어떤 경우든, 당신과 아이가 각 수의 고유성을 인식한다면 수를 다루는 능력은 크게 향상될 것이다.

앞서 수열을 다루면서 짝수, 홀수, 3의 배수 등 다양한 수의 집단을 보았다. 어떤 수는 하나의 집단에만 속할 수도 있고, 여러 집단에 동시에 속할 수도 있다. 어느 쪽이든 이런 특징으로 인해 그 수는 특별해진다. 이외에도 수 가운데는 47처럼 거의 어떤 집단에도 속하지 않는 '외톨이 수'도 있다.

수 12는 문명사에서 특별한 위치에 있다. 12는 가장 기본적인 몇몇 집단에 동시에 속하는 가장 작은 수들 가운데 하나기 때문이다. 즉, 12는 2와 3과 4의 배수다. 그래서 사람들은 물건을 팔 때 12개 단위로 포장하거나 묶기 시작했고, 지금까지도 달걀은 3×4 혹은 2×6의 배열로 담겨 팔린다.

수 12가 2개 모인 24는 우리가 하루를 시간으로 나누기 위해 선택한 수다. 이 수는 1×2×3×4라는 네 자연수끼리의 곱셈을 통해 얻을 수 있다. 24는 하루를 12시간으로 두 번 나눌 수 있으며, 8시간씩 3교대 근무 체제로 나눌 수 있으며, 이보다 더 짧은 6시간이나 4시간, 3시간, 2시간 단위로도 나누기 쉬워 여러 시간 체계에 적합하다.

수 12가 5개 모인 60이라는 수는 가장 기본적인 다섯 가지 집단인 2, 3, 4, 5, 6의 배수에 속하는 수 중에 가장 작은 수(최소공배수)다. 또한 60은 10, 12, 15, 20, 30 같은 수의 배수이기도 하다.

바빌로니아 수학과 마야문명의 수학이 대부분 60이라는 수를 바탕으로 했던 이유도 이 때문이다. 그뿐만 아니라 현대의 우리가 1시간을 60분으로, 다시 1분을 60초로 나누는 이유이기도 하다.

수 가운데는 사각수(또는 제곱수—옮긴이)도 있다. 예를 들어, 9는 정사각형을 만들 수 있는 수다(빙고판을 떠올려 보자). 체스판 역시 64칸으로 이루어져 있는 정사각형 배열이다. 그 외에 4, 16, 25, 36, 49, 81, 100 같은 수들도 사각수다. 이 수들은 아이가 도트 카드로 수량을 배울 때 접한 적 있는 수다. 아이는 어쩌면 이 수들을 보면서 머릿속으로 카드 위의 점들을 정사각형 패턴으로 재배열했을지 모른다. 슈퍼마켓에 6×6 배열로 쌓여 있는 달걀판들을 살펴보면, 사각수가 얼마나 유용한 수인지 알 수 있다.

아이가 머릿속으로 재배열했을 법한 수들은 또 있다. 수 가운데는 삼각형을 이루는 것들도 있다. 테이블 위에 동전 1개를 두고 동전 2개를 더해서(1 + 2) 모든 동전이 서로 접하게 놓으면 삼각형이 만들어진다. 그 아래로 동전 3개를 한 줄 더하고, 다시 그 아래 줄에 동전 4개를 더하면 1 + 2 + 3 + 4 = 10이 되면서 또 다른 삼각형이 된다. 당신의 아이에게 규칙을 발견하고, 그다음 수열을 스스로 찾게 해 보자. 아이는 36이 삼각수이자 사각수라는 사실을 알게 될 것이다.

7은 육각수다. 동전 1개를 가운데 두고 다른 동전 6개를 접하도록 둘러싸면 육각형이 보인다. 또 어떤 수가 육각수일까? 육각수이면서 사각수인 수도 찾을 수 있을까?

7은 매우 흥미로운 또 다른 집단, 즉 '소수'에도 속한다. 소수는 1보다 큰 자연수 중에서 자기 자신과 1 외에는 어떤 자연수로도 나눌 수 없는 수다. 소수 가운데 가장 작은 수 3개는 2, 3, 5다. 아이들 가운데는 소수를 싫어하는 아이도 있고 좋아하는 아이도 있다. 바빌로니아와 마야 사람들이 사랑했던 수 60은 30씩 2줄, 20씩 3줄, 15씩 4줄, 12씩 5줄, 10씩 6줄로 배열될 수 있다. 하지만 7, 11, 13과 같은 소수는 이런 식으로 배열할 수 없다. 최초로 미국의 성조기를 만들었던 벳시 로스Betsy Ross가 성조기 위의 별 13개를 원형으로 배열한 이유도 이 때문이었을지 모른다.

여러분과 아이는 지금까지의 수학 수업을 통해 이 숫자들과 다른 숫자들 각각의 성격을 이미 알아챘을 수도 있다. 이런 방식으로 수를 바라보면, 일상생활 속에서 수학을 발견하는 능력도 향상된다.

수의 특성을 더 잘 이해하고 싶다면 하나의 수를 골라서 가능한 모든 특성을 탐색해 보는 편이 좋다. 1이라는 수를 예로 들면 다음과 같은 방식으로 볼 수 있다.

$$1+0=1 \qquad 2-1=1 \qquad 2\div2=1 \qquad 2\times1/2=1$$
$$1\times1=1 \qquad 3-2=1 \qquad 3\div3=1 \qquad 3\times1/3=1$$
$$1\div1=1 \qquad 4-3=1 \qquad 4\div4=1 \qquad 4\times1/4=1$$
$$1-0=1 \qquad 10-9=1 \qquad 10\div10=1 \qquad 5\times1/5=1$$

12를 예로 들면 이렇게 볼 수 있다.

$$12+0=12 \qquad 11+1=12 \qquad 2\times6=12$$
$$12\times1=12 \qquad 14-2=12 \qquad 3\times4=12$$
$$12\div1=12 \qquad 15-3=12 \qquad 2\times2\times3=12$$
$$24-12=12 \qquad 16-4=12$$

$$24\div2=12 \qquad 3+3+3+3=12 \qquad 24의\ 1/2=12$$
$$36\div3=12 \qquad 4+4+4=12 \qquad 36의\ 1/3=12$$
$$48\div4=12 \qquad 6+6=12 \qquad 48의\ 1/4=12$$
$$60\div5=12 \qquad 10+2=12 \qquad 60의\ 1/5=12$$

이런 작업을 시작하도록 돕고자, 이 책의 부록에는 카드 뒷면에 적어 둘 만한 여러 등식을 수록해 놓았으니 참고하기를 바란다.

당신과 아이가 각 수의 고유한 특성을 제대로 들여다보기 시작하면, 아이는 스스로 12를 만들 수 있는 등식이나 다른 수와 관련된 등식을 직접 만들어 보고 싶어 할지 모른다. 그런 때가 온다면, 동전이나 빨간색 포커 칩을 준비해 두면 좋다. 그러면 당신과 아이가 함께 12라는 수로 만들 수 있는 패턴들을 탐색할 수 있다.

한 세션은 다음과 같이 서로 관련된 4개의 등식으로 구성된다.

$$1+0=1$$
$$1-0=1$$
$$1\times1=1$$
$$1\div1=1$$

여기서 주의해야 할 점이 있다. 일단 이 놀이를 시작하면 당신과 아이는 하나의 수와 관련된 모든 특성을 알아내고 싶어질 것이다. 불가능한 일은 아니지만, 한 세션 안에 다 하기는 불가능하다.

또 다른 세션에서는 포커 칩 12개를 꺼내어 당신이나 아이가 12로 만들 수 있는 다양한 패턴을 직접 만들어 보는 놀이를 해 볼 수도 있다.

5. 분수

분수 역시 도트 카드로 가르치기가 꽤 쉬운 개념이다. 0부터 100까지의 카드를 사용해서 보여 줄 수 있는 분수들을 골라야 하지만, 가능한 조합은 충분히 많다. 분수를 가르치려면 이렇게만 하면 된다. 아이에게 이렇게 말해 보자. "('10 카드'를 보여 주면서) 십의 십 분의 일은 일이란다('1 카드'를 보여 준다)."

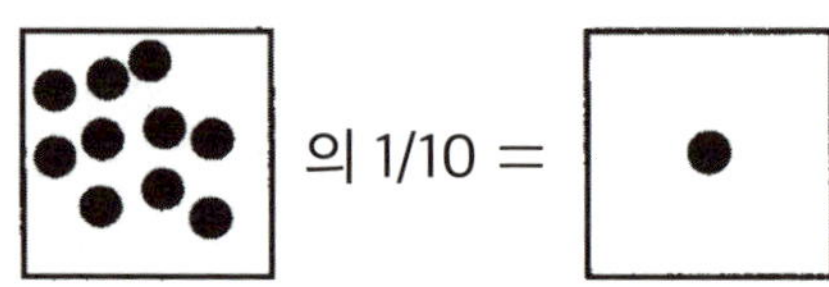

한 세션은 대표적으로 다음과 같은 식으로 구성된다.

3의 1/3=1
6의 1/3=2
9의 1/3=3

아주 간단하다.

6. 간단한 대수학

가장 좋아했던 교과목이 수학이 아닌 한, 아마도 당신의 마지막 대수학 수업은 좋은 기억으로 남아 있을 것이다. 왜냐하면, 앞으로 다시는 대수학을 하지 않을 것이라고 믿었을 테니 말이다(하지만 틀린 생각이다). 그런데 놀랍게도, 인생에서 두 번째 대수학을 다룬 후에 당신은 대수학이 생각 외로 쉬울 뿐만 아니라 오히려 굉장히 재미있다는 사실을 깨닫게 될 것이다.

어린아이와 함께 대수학을 시작할 때 당신이 해야 할 일은 하나다. 자녀에게 하나의 문자로 다양한 양을 나타낼 수 있다는 개념(미지수)을 알려 주기만 하면 된다. 원래 이때 자주 사용하는 문자는 'x'다. 하지만 아이가 곱셈 기호와 혼동하기 쉬우니, 'y' 문자를 사용하기를 추천한다. 가장 먼저 할 일은 다른 카드와 같은 크기의 'y 카드'를 만드는 것이다. 그러면 당신의 아이에게 인생 첫 대수방정식을 보여 줄 준비가 끝난다. 예를 들어, 다음과 같은 방정식을 보여 줄 수 있다.

$$5 + y = 7$$

먼저, '5 카드', '+ 카드', 'y 카드', '= 카드', '7 카드'를 차례로 바닥에 놓는다.

$$5 + y = 7$$

그런 다음, 이렇게 질문한다. "여기서 y는 무엇일까?"

$$y = 2$$

뒤이어 답을 말한다. "이 식에서 y는 2야."

이런 방정식을 아이에게 많이 보여 준 다음에는, y를 구하는 것을 아이가 돕도록 한다. 선택지 2개를 제시해서 둘 중 맞다고 생각하는 답을 고르게 하면 된다.

이제는 이 방식이 그리 어렵게 느껴지지 않을 것이다. 이처럼 아이와 함께 문제 해결 활동을 하다 보면 당신도 수학과 다시 친해질 수 있으며, 심지어 생각보다 그렇게 수학을 못하지 않는다는 점을 깨닫게 될 것이다. 당신도 어렸을 적 훌륭한 선생님을 만났더라면 어쩌면 지금쯤 위대한 수학자가 되었을지도 모를 일이다.

수량을 나타내는 기호를 배우는 4단계: 숫자

이 단계는 누워서 떡 먹기라고 해도 될 만큼 쉽다. 이제 아이는 실제 가치나 수량을 너무도 잘 알고 있다. 지금부터는 실제의 가치나 수량을 나타내는 기호, 즉 '숫자'를 가르칠 차례다.

먼저, 아이를 위해 0부터 100까지의 숫자 카드 한 세트를 준비해야 한다. 이번에도 도트 크기와 같은 크기인 같은 종이에 빨간색 굵은 마커펜으로 숫자를 적는다. 숫자의 크기는 충분히 커야 하고, 굵기는 아주 굵어야 한다. 최소한 높이는 15센티미터, 너비는 7센티미터 정도 되어야 한다.

숫자를 쓸 때는 글씨체나 굵기의 일관성을 유지하도록 한다. 다시 말하지만, 시각 정보가 아이에게 도움이 되려면 일관되고 신뢰할 만해야 한다.

카드의 위쪽 왼편에는 라벨을 붙이거나 표시를 해서 아이에게
자료를 보여 줄 때 위아래가 바뀌지 않도록 한다. 도트 카드를 사
용할 때는 위아래를 따로 구분할 필요가 없었기 때문에 뒷면 네
귀퉁이에 표시했던 것이다.

숫자 카드의 뒷면에도 왼편 위쪽 귀퉁이에 숫자를 적어 둔다.
이 숫자는 당신이 알아보기 편한 크기로 적으면 된다. 연필로 써
도 되고 펜으로 써도 된다. 완성된 숫자 카드는 다음과 같은 모양
이 되어야 한다.

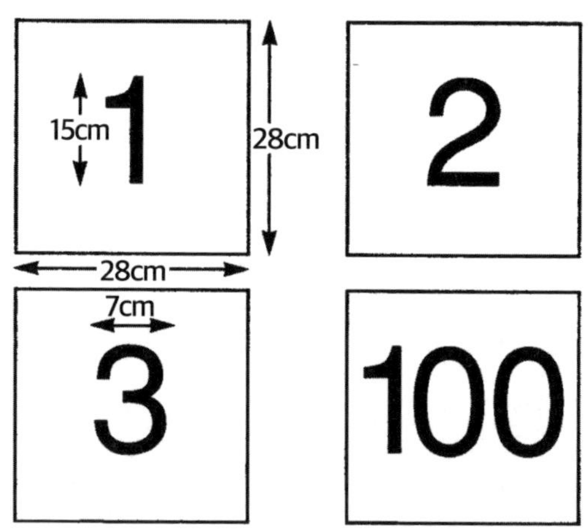

간혹 어떤 부모는 스텐실 기법(투명 필름지에 도안을 그려 오려
낸 후, 원하는 표면에 붙이고 물감을 두드려 채색하는 방식—옮긴이)
을 이용해서 카드를 만들기도 한다. 이렇게 하면 매우 아름다운

162

숫자 카드가 탄생하지만, 터무니없이 많은 시간이 동원된다. 당신의 시간은 소중하다. 수학 카드는 앞으로도 많이 만들어야 하므로, 빠르고 효율적인 방식을 선택하도록 하자. 깔끔함과 가독성이 완벽함보다 훨씬 중요하다.

이 단계쯤 오면 당신은 아마 등식 수업을 하루에 3회씩 하면서, 매 수업 마지막에는 문제 해결 시간을 가질 것이다. 처음에 도트 카드를 가르치기 위해 했던 6회 구성의 수업은 끝난 지 오래다. 이제는 몇 달 전에 도트 카드를 가르쳤던 방식과 정확히 똑같은 방법으로 숫자 카드를 가르치면 된다.

먼저, 세트당 카드 5장으로 된 숫자 카드 두 세트를 사용한다. '1~5 카드'와 '6~10 카드'로 시작한다. 처음에는 카드를 순서대로 보여 줘도 되지만, 두 번째부터는 순서를 예측할 수 없게 카드를 섞는다. 앞선 방법과 마찬가지로, 매일 가장 작은 숫자 2개를 빼고 그다음 숫자 2개를 새로 투입한다. 새로운 카드 2장이 한쪽 세트에 몰리면 나머지 세트는 전날과 똑같게 되므로, 세트마다 매일 새 카드를 1장씩 보여 주도록 하자.

각각의 세트를 하루에 3회씩 보여 준다. 아이는 이 카드들 역시 상상을 초월한 속도로 배운다는 사실을 명심하고, 필요하면 더 빠르게 진도를 나갈 각오를 한다. 아이의 주의력과 흥미가 떨어진다고 느끼면 새 카드를 투입하는 속도를 높인다. 하루에 카드 2장을 교체하는 대신 3~4장을 교체해도 된다.

이 시점이 되면 하루에 3회 수업이 잦다고 느껴질 수도 있다. 만약 아이가 처음 두 번의 수업에는 흥미를 보이다가, 세 번째 수업 때는 집중력이 흐트러지는 모습을 보인다면 수업 횟수를 하루 3회에서 2회로 줄이는 것도 방법이다.

항상 자녀의 주의력과 흥미, 열의를 민감하게 살피고 반응하자. 이 세 가지 요소는 아이의 변화와 발달 상태, 욕구에 맞게 일일 학습 계획을 조정하는 데 필요한 귀중한 자료다.

0에서 100까지, 모든 숫자를 정복하는 데는 50일 이상 걸리지 않아야 한다. 실제로도 이보다는 훨씬 빨리 학습이 끝날 것이다. 숫자 100까지 마치고 나면, 이보다 더 큰 숫자를 다양하게 마음껏 보여 주어도 된다. 어린아이는 200이나 300, 400, 500, 1000 같은 숫자를 무척 좋아한다. 이 숫자들을 먼저 보여 준 다음에는 210, 325, 450, 586, 1830처럼 다양한 숫자를 보여 주자. 그렇다고 세상에 있는 모든 숫자를 하나하나 다 보여 줄 필요는 없으며, 그런다면 오히려 아이도 엄청나게 지루해할 것이다. 이미 0부터 100까지의 숫자를 가르치면서 숫자 인식의 기본 틀을 심어 주었으므로, 이제는 모험심을 발휘해서 아이가 더 넓은 숫자의 세계를 맛보게 해 줄 때다.

0부터 20까지의 숫자를 가르친 후에는 숫자를 수량과 연결하는 단계를 시작할 수 있다. 다양한 방법 가운데 가장 쉬운 방법은 등식, 부등식, 크다/작다 개념으로 돌아가서 도트 카드와 숫자 카드를 같이 사용하는 것이다.

먼저, '10 도트 카드'를 바닥에 놓은 다음, 그 옆에 '= 카드'를 놓고 연달아 '35 숫자 카드'를 놓으면서 말한다. "10은 35와 같지 않아."

예를 들면, 한 세션의 수업을 다음과 같이 구성할 수 있다.

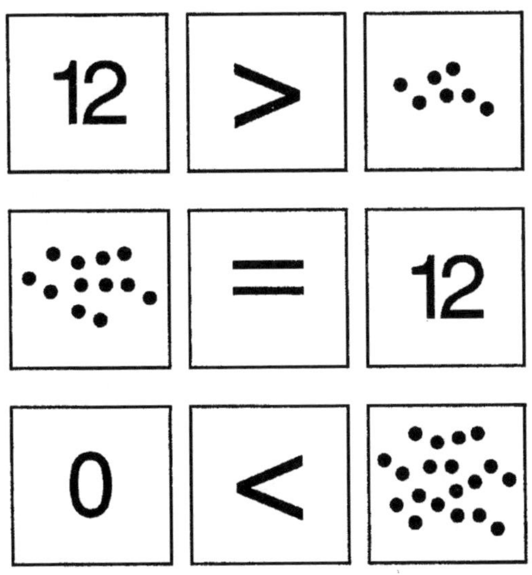

시간과 열정이 허락한다면, 숫자 카드들을 익히는 동안 가능한 많은 숫자 카드와 도트 카드를 활용해 이 놀이를 진행하도록

하자. 아이들도 여기에 동참해서 자기 나름의 조합을 만드는 것을 좋아할 것이다.

아이에게 숫자 학습은 매우 간단한 단계다. 그러니 빠르고 즐겁게 진행해라. 그래야 가능한 한 빠르게 5단계로 넘어갈 수 있다.

고등 수학의 세계로 도약하기 위한 5단계: 숫자로 등식 표현하기

사실, 5단계는 앞에서 했던 모든 과정의 반복이다. 덧셈, 뺄셈, 곱셈, 나눗셈, 등식, 부등식, 크다/작다, 제곱근, 분수, 기초 대수학의 전체 과정을 정리하고 반복하는 단계인 셈이다.

이번에는 높이 10센티미터, 너비 45센티미터의 띠 모양으로 자른 종이가 필요하다. 띠 모양 카드는 숫자를 활용한 등식을 만드는 데 필요하다. 이 단계에서는 빨간색 마커펜 대신 검은색 마커펜으로 바꾸기를 권한다. 지금 적을 숫자들은 이전보다 크기가 작아야 하는데, 숫자를 작게 쓸 때는 빨간색보다 검은색이 더 뚜렷하게 보인다. 숫자의 크기는 높이 5센티미터, 너비 2.5센티미터로 한다.

이렇게 해서 처음 만든 카드들은 다음과 같은 모양이 된다.

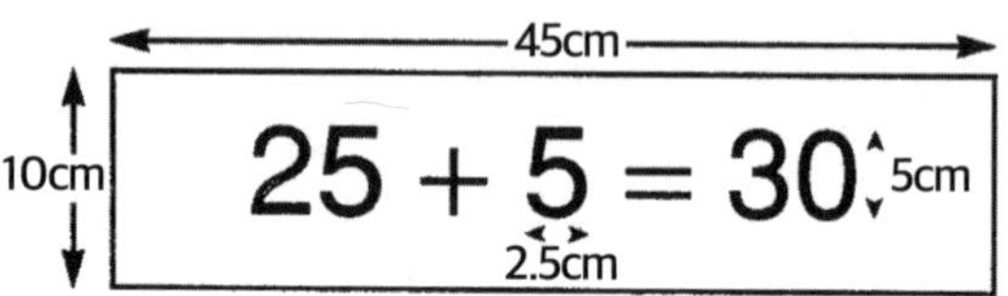

이제 2단계와 동일한 방식으로 학습을 진행한다. 단, 이번에는 도트 카드 대신 새로 만든 '숫자 등식 카드'를 사용한다는 차이가 있다. 2단계를 완수하면 3단계로 넘어간다.

3단계에서는 문제 해결 기회에 적합한 학습 자료가 몇 가지 필요하다. 먼저, 등식의 답이 적혀 있지 않은 카드를 넉넉히 만든다. 이번에도 아이가 답을 선택할 수 있도록 숫자가 하나만 적혀 있는 카드들을 보여 준다. 문제 해결 카드 뒷면의 왼편 위쪽에 정답을 적어 두면 정답을 몰라 당황하는 일이 없을 것이다. 아래 그림처럼 말이다.

25 + 5

앞면

25 + 5 = 30

뒷면

도트 카드로 배웠던 사칙연산을 숫자로 다시 진행할 때, 사용할 학습 자료의 몇몇 예시를 들면 다음과 같다.

$$30 - 12 = 18$$

$$98 - 2 - 10 = 86$$

$$100 - 23 - 70 \neq 0$$

뺄셈 등식

$$3 \times 5 = 15$$

$$14 \times 2 \times 3 = 84$$

$$115 \times 3 \times 2 \times 5 \neq 2,500$$

곱셈 등식

$$84 \div 28 = 3$$

$$192 \div 6 \div 8 = 4$$

$$96 \div 12 = 8$$

$$458 \div 2 = 229$$

나눗셈 등식

아이가 익숙해질 때까지는 5센티미터 크기의 숫자를 사용해라. 현재 단계가 원만하게 진행되면 그때 숫자 크기를 작게 줄여도 된다. 다만, 이 과정은 점진적으로 진행되어야 한다. 아이가 적응하기도 전에 숫자 크기를 작게 줄이면 주의력과 흥미가 떨어질 수 있다.

숫자의 크기가 2.5센티미터 이하로 줄어들면, 카드에 남는 공간이 많아지기 때문에 더 길고 복잡한 등식을 쓸 수 있게 된다. 이 시점이 되면, 문제 해결 활동의 하나로 아이가 직접 숫자와 연산 기호(=, ≠, +, -, ×, ÷)를 고르고, 나름대로 등식을 만들어 문제를 내고 싶어 할 수도 있다. 필요한 상황이 올지 모르니 계산기를 늘 가까이 두도록 하자.

5단계의 여정을 모두 마무리했다면

1단계부터 5단계까지 모두 마무리했다면 당신은 아이의 일생에 걸친 수학 여정에서 '출발점의 끝'에 도달한 셈이다. 아이는 수학의 세계에 더없이 즐겁게 발을 들였을 것이다. 그리고 수학에서 가장 핵심적인 네 가지 진리를 익혔을 것이다.

첫째, 수량에 대해 배웠다. 이제 아이는 서로 다른 여러 수량을 구별할 수 있게 되었다.

둘째, 수량을 더하거나 빼는 법을 배웠다. 그리고 이를 통해 아이는 수의 수많은 조합과 배열을 접했다.

셋째, 각각의 실제 수량을 나타내는 데 사용하는 기호가 있음을 알고, 이를 어떻게 읽는지 배웠다.

마지막이자 가장 중요한 **넷째,** 수량의 실제와 그 수량을 나타내기 위해 임의로 선택된 기호 간의 차이를 이해하게 되었다.

아이에게 연산은 '출발점의 끝'이다. 이제는 단순한 연산 기법에서 벗어나 훨씬 더 매력적이고 창의적인 고등 수학의 세계로 도약할 수 있게 되었다. 고등 수학의 세계는 사고와 추론, 논리의 세계다. 그저 예측 가능한 계산의 세계가 아니라, 늘 새로운 것이 발견되는 진짜 모험의 세계다.

안타깝게도 이 세계에 진입하는 사람은 극히 드물다. 어른들은 수학이라는 과목에서 가능한 한 빨리 도망쳤고, 흥미진진한 고등 수학의 세계가 제대로 펼쳐지기도 전에 수학을 그만두었다. 실제로 고등 수학은 늘 운 좋은 누군가에게만 입장이 허락된 닫힌 공간으로 여겨졌다. 연산은 고등 수학으로 도약하는 발판이 되기보다는, 경이로운 언어로 들어가는 문을 닫아 버렸다.

모든 아이에게는 이 멋진 언어를 통달할 권리가 있다. 당신은 이제 아이에게 그 세계로 들어갈 열쇠를 선물한 셈이다.

How to Teach Your Baby Math

How to Teach Your Baby Math

4장

연령에 따른 맞춤형 학습 지침

그는 더 나이 들기 전에 배워야 한다.

- 윌리엄 리커

사물을 인식하는 시각이 발달한다
: 신생아 시기의 수학

이제 당신은 수학의 길로 가는 기본 단계들을 알게 되었다. 각 단계는 아이의 나이와 상관없이 적용된다. 하지만 실제로 어떻게 시작할지, 어떤 단계가 강조되어야 하는지는 아이의 나이에 따라 달라진다.

앞서 설명한 단계들은 따를 만한 가치가 있으며 실제로 효과가 있다. 하지만 신생아와 2세 유아는 전혀 다른 존재라는 점을 기억해야 한다. 각 단계와 순서는 아이의 나이에 상관없이 일관적이지만, 이 장에서는 아이의 수학 학습을 더 성공적으로 이룰 수 있도록 돕는 보완점과 세부 요소들을 설명하려고 한다.

여기까지 읽은 부모라면 당장 내 아이에게 해당되는 부분만 읽고 싶어질 수 있다. 하지만 아이의 성장에 따라 어떻게 활동을 조정하고 발전시켜야 할지 이해하려면, 각 부분에서 다루는 모든 내용을 숙지하고 있어야 한다.

신생아에게는 시각 자극 훈련이 우선이다

아이가 태어나자마자 수학을 시작하려는 부모라면, 첫 단계는 수학 활동이 아니라 시각 자극 활동이라는 점을 알아야 한다.

우리가 설계한 수학 경로에 올라서기 전에, 신생아는 1단계 이전의 단계를 먼저 밟아야 한다. 우리는 이 단계를 '0단계'라고 부른다. 신생아가 1단계를 시작할 준비가 제대로 되려면 시각 자극 활동이 먼저 이루어져야 하기 때문이다.

막 태어난 아기가 볼 수 있는 것은 오직 빛과 어둠뿐이다. 아이는 아직 사물의 세부를 보지 못한다. 출생 후 처음 몇 시간 또는 며칠 안에, 아기는 아주 짧은 시간 동안만 희미하게 윤곽을 볼 수 있게 된다. 사물의 윤곽을 보는 능력은 주변 사물의 윤곽을 자주 보여 줄수록 발달한다. 여기서 아주 짧은 시간은 단 몇 초에 불과하지만, 신생아에게는 엄청난 노력이 요구된다. 하지만 보고자 하는 욕구가 워낙 강하기 때문에 아기는 기꺼이 노력한다.

신생아는 창문으로 쏟아지는 햇빛 앞에서 움직이는 엄마 머리의 어두운 형태를 보기 시작한다. 이처럼 밝은 빛을 배경으로 안정적인 검은 윤곽이 대조를 이루는 모습을 자주 볼수록 아기의 시력은 발달한다. 일단 윤곽이 보이기 시작하면 아기는 윤곽 안의 세부 모습을 찾기 시작한다. 엄마의 눈, 코, 입이 아기가 제일 먼저 보는 세부 요소들이다.

신생아 시각 경로의 성장과 발달을 세세히 설명하는 것은 이 책의 본래 목적이 아니다. 하지만 신생아에게 수량을 나타내는 도트 카드를 보여 주면 세부를 보는 능력을 자극하고 발달시킬 수 있다. 이런 능력은 자극과 기회를 통해 얻는 결과지, 유전적 '알람 시계'가 울려 자연스럽게 발현되는 것이 아니다.

윤곽과 세부 모습을 볼 기회를 자주 얻은 신생아는 이런 능력을 더 빨리 발달시켜, 출생 직후 기능적으로 아무것도 보지 못하던 상태를 빠르게 벗어나, 애쓰지 않아도 잘 볼 수 있는 상태로 넘어갈 수 있다. 이런 시각 자극 활동은 지극히 쉬울 뿐만 아니라, 완벽히 논리적이다.

부모는 아기가 태어나자마자 말을 걸고는 한다. 심지어는 아기가 뱃속에 있는 열 달 동안에도 줄곧 말을 걸어 오지 않았던가? 신생아에게 말을 거는 행위에 의문을 가지는 사람은 없다. 언어를 듣는 일은 모든 아기의 권리라는 사실을 우리 모두 잘 알기 때문이다. 하지만, 사실 말이란 매우 추상적이다. 말로 하는 언어나

글로 된 언어나 똑같이 추상적이라고 할 수도 있겠지만, 어린아이에게는 말로 하는 언어가 글로 된 언어보다 훨씬 어렵다. 왜 그런 걸까?

모든 교육의 기본 원칙은 '일관성'이다. 그런데 말은 일관성 있게 전달되기가 매우 어렵다. 우리는 같은 말도 여러 가지로 하곤 한다. 아침에 일어난 어린아이에게 "안녕?"이라고 인사하고, 외출했다 돌아와 아이에게 다시 "안녕."이라고 말했으며, 다시 저녁에 아이의 방문을 열고 "안녕!"이라고 말했다고 가정해 보자. 같은 말을 세 번이나 했지만, 과연 아이에게도 모두 같은 말로 들렸을까?

신생아의 미성숙한 청각 경로로 들으면, 이 말들은 다 다르게 들린다. 똑같은 말이지만 말할 때마다 억양과 강세가 달라지기 때문이다. 아기는 이런 말을 들으면 말들 사이의 유사점과 차이점을 찾기 위해 노력한다.

이번에는 시각 경로의 장점을 살펴보자. 흰색 바탕에 커다란 빨간색 점 3개가 그려진 커다란 카드를 들고서 "삼(3)."이라고 말하는 장면을 상상해 보자. 당신은 하루 동안 같은 카드를 여러 차례 보여 줄 것이다. 신생아에게는 이 카드가 매번 똑같아 보인다. 그 결과, 아기는 청각 경로보다 시각 경로로 언어를 배울 때 훨씬 효과적으로 습득할 수 있다.

세심하게 아이의 시각 경로를 발달시키자

먼저, 도트 카드로 시작해야 한다. '1~7 카드'로 시작하자. 이때 신생아에게 처음 보여 줄 도트 카드는 아주 커야 한다. 사방 40센티미터 크기의 화이트보드지를 사용하여, 지름 4센티미터 정도의 크기로 점을 그린다(더 커도 좋다). 먼저 원을 그린 다음 마커펜으로 색칠하면 된다. 이 시기의 아기는 사물의 윤곽을 보려고 애쓰는 시기이니만큼, 빨간색보다는 검은색 점이 더 효과적이다. 흰 바탕에 검은 점을 그릴 때는 점을 '매우 굵게' 그려야 한다. 어디까지나 시각 자극을 위한 활동임을 기억하자.

먼저, '1 카드'로 시작하라. 아기를 품에 안고 40~50센티미터 정도 떨어진 위치에서 카드를 보여 주며 "일(1)."이라고 말한다. 그런 다음 카드를 그대로 든 채 잠시 기다린다. 아기는 카드를 바라보려 최선을 다할 것이다. 아기가 카드를 보면, 다시 크고 또렷한 목소리로 "일(1)."이라고 한다. 아기는 1~2초 정도 초점을 맞추려 할 것이다. 그러고 나면 카드를 내린다.

윤곽이나 세부를 볼 수 없는 아기의 주의를 끌기 위해 카드를 이리저리 흔들어 보면 더 효과적이지 않을까 생각하기 쉽지만, 그래서는 안 된다. 신생아는 주의력이 뛰어나지만 시력이 형편없다는 점을 기억하자. 신생아 앞에서 카드를 흔들면 아기는 움직이는 물체에 초점을 맞추려는 시도를 해야 한다. 이것은 정지된 물체의 위치를 파악하는 일보다 훨씬 더 어렵다.

그러므로 당신은 카드를 '가만히 든 상태'로 있으면서 아기가 카드의 위치를 파악할 시간을 주어야 한다. 처음에는 10~15초 이상이 걸리겠지만, 하루하루 지날수록 카드의 위치를 찾고 잠시 초점을 맞추는 데 걸리는 시간이 눈에 띄게 줄어들 것이다.

카드의 위치를 찾고 집중하는 능력은 부모가 아기에게 카드를 얼마나 많이 보여 주는지에 달려 있다. 이때는 조명 역시 중요한 요소다. 빛은 아기 쪽이 아닌 카드를 향해야 한다. 그리고 일반적인 실내등보다 훨씬 밝은 조명을 써야 적절하다.

이렇게 하면, 단순히 빛을 인지하는 수준에서 벗어나 방 건너편에서 미소 짓는 엄마의 얼굴을 알아보는 수준까지 인간의 시력이 정교하게 발달해 나가는 놀라운 과정을 가속화하고 강화할 수 있다.

첫날에는 '1 카드'만 10번 보여 준다. 더 자주 보여 주면 더 좋다. 많은 엄마들이 기저귀를 갈 때마다 도트 카드를 옆에 두고 아이에게 보여 준다. 도트 카드를 자주 보여 줄 수 있는 효과적인 방법이다.

이틀째가 되면 '2 카드'를 하루에 10번 보여 준다. 일주일 동안 매일 다른 도트 카드를 골라서 하루에 10번씩 보여 준다. 일주일 동안 아이는 '1 카드'부터 '7 카드'까지 다 보게 되는 셈이다.

다음 주가 시작되면 '1 카드'로 되돌아가 다시 10번 보여 준다. 이 과정을 3주간 반복한다. 만약 월요일에 '1 카드'를 보여 줬다면, 3주간 아기는 매주 월요일마다 '1 카드'를 보게 되는 셈이다.

출생 직후부터 시작했다면, 지금쯤 생후 3주 아기는 틀림없이 도트 카드에 초점을 더 빠르게 맞출 수 있을 것이다. 당신이 카드를 꺼내자마자 아기가 몸을 꿈틀거리고 발을 차는 등 흥분과 기대의 신호를 보낼 수도 있다.

가장 흥분되는 순간이 아닐 수 없다. 아기가 단순히 사물을 응시하는 단계를 넘어 이해하기 시작했으며, 그 경험을 굉장히 즐기고 있다는 것을 알게 되기 때문이다. 초점을 맞추고 사물의 세부를 보는 능력이 발달함에 따라, 당신의 아기에게는 이 시각 자극 활동이 하루가 다르게 쉽게 느껴진다.

신생아의 시각 능력은 나날이 발달한다

시각 발달 초기 단계에서는 신생아의 시각 능력이 하루 동안에도 시시각각 변하는 모습을 볼 수 있다. 잘 자고 잘 먹은 아기는 끊임없이 시각 능력을 사용할 것이다. 하지만 금세 피곤해진다. 졸린 아기는 시각 스위치를 꺼 버리고 거의 아무것도 보려 하지 않을 것이고, 배고픈 아기는 자신의 배고픔을 엄마에게 알리는 데 온 힘을 쏟을 것이다.

그러므로 아기에게 도트 카드를 보여 주기 적당한 시간을 골라야 한다. 가장 좋은 시간을 예상하고, 아기가 배고프거나 졸린 시간을 피하는 법은 금세 배우게 될 것이다. 때로는 하루나 이틀씩 아기의 컨디션이 안 좋을 수도 있다. 그럴 때 아기는 내내 짜증을 부리고 예민해져 있다. 그런 날에는 도트 카드를 보여 주지 말고, 아기가 컨디션을 회복할 때까지 기다려라. 그리고 활동을 재개할 때는 멈춰 두었던 지점에서 다시 시작하면 된다. 처음으로 되돌아갈 필요는 없다.

처음 7개의 도트 카드를 3주간 반복한 다음에는 '8~14 카드'를 앞 과정과 똑같이 반복한다. 체계적인 시각 자극을 받지 못한 평균적인 아기의 경우, 명확하게 사물의 세부를 알아보게 되기까지 12주 이상 걸린다. 반면, 위와 같은 시각 자극 훈련을 받은 아기는 대개 8~10주 안에 이 단계에 도달할 수 있다.

엄마들은 이 시점을 놀랍도록 잘 알아챈다. 이 시기에 아기는 부모를 쉽게 알아보고 청각이나 촉각적인 힌트가 없어도 엄마의 미소에 즉각 반응한다. 아기가 시각 스위치를 끄는 경우는 지극히 피곤하거나 아플 때뿐이며, 이때를 제외하고는 거의 항상 시각을 사용한다.

이제 당신은 아기와 함께 0단계를 완전히 마쳤다. 당신이 신생아의 시각 경로를 실제로 성장시켰기 때문에, 이제는 1단계로 넘어가도 된다. 아기는 앞 장에서 설명한 5단계의 수학 수업을 따를 준비가 되었다. 당신의 아기는 지난 한두 달 동안 '1~14 카드'를 이미 보았기 때문에, 5장으로 된 도트 카드를 두 세트씩 매일 3회 보여 주는 단계로 바로 건너뛸 수도 있다.

이 시점부터 아이의 수학머리를 깨우는 길은 느리고 신중한 단계에서 매우 빠른 단계로 전환된다. 이제부터 아이는 귀를 통해 언어를 습득하는 것만큼이나 빠른 속도로 수량을 인식하기 시작할 것이다.

표현하지는 못해도 읽을 수는 있다
: 3~6개월 시기의 수학

이 시기에 수학 학습을 시작한다면, 생후 3~6개월 아이는 1단계와 2단계를 중점적으로 진행하게 될 것이다. 이때 명심해야 할 두 가지 사항은 아래와 같다.

1. 도트 카드는 아주 빠르게 보여 준다.
2. 새 카드를 자주 추가한다.

어린아이의 가장 놀라운 점은 순수한 지적 존재라는 것이다. 아이들은 아무런 편견이나 선입견 없이, 그저 배움을 목적으로 모든 것을 배운다. 이 점은 어린아이의 생존을 위한 특성이기도 하지만, 그렇다고 해서 덜 놀라워지는 것은 아니다.

어린아이는 우리가 모두 되고 싶어 하지만 누구나 될 수 없는 종류의 지식인이다. 아이들은 배울 수 있는 모든 것을 다 좋아한다. 배움이 아이의 영광이라면, 아이를 가르칠 기회를 얻게 된 것은 우리에게 영광이다.

생후 3~6개월 사이의 어린아이는 놀라운 속도로 언어를 흡수할 수 있다. 또한, 시각적으로도 사물의 세부를 꾸준히 받아들이고 있다. 간단히 말하자면, 아이는 우리가 충분히 큰 소리로 명확하게 전달하기만 한다면 조금의 어려움 없이 말소리를 받아들인다. 마찬가지로 충분히 크고 굵은 글씨로 쓰여 있기만 한다면 카드에 담긴 정보도 받아들일 수 있다. 그러니 카드를 만들 때는 아이가 언제든 볼 수 있도록 크고 굵게 써야 한다.

말 못하는 아이에게 어떻게 수학을 가르칠까?

이 시기의 아이는 소리를 통해 대화하려 하지만, 아이의 소리가 단어와 문장, 단락으로 구성된 진짜 언어라는 것을 어른이 이해하기까지는 몇 달이 걸린다. 어른의 기준에서 말하자면, 이 시기의 아이는 '말을 할 줄 모른다'.

아이는 정보를 받아들이는 감각 경로는 뛰어나지만, 외부에서 금방 이해할 수 있도록 정보를 표현하는 운동 경로는 아직 충분히 발달하지 않은 상태다. 이런 상황에서 누군가는 이렇게 질문할 것이다. "말도 하지 못하는 아이에게 어떻게 수학을 가르친다는 거야?"

이 단계의 아이는 시각 경로와 청각 경로를 사용해서 수학을 배운다. 아이는 말하며 배우지 않는다. 말은 출력이기 때문이다. 사전적 정의에 따르면, 학습은 새로운 정보를 흡수하는 과정, 즉 입력이지 출력이 아니다.

수량을 인식하는 과정 역시 수학 언어를 시각적인 형태로 받아들이는 과정이다. 말은 그 언어를 표현해 내는 출력 수단이다. 수량을 인식하고 숫자를 읽는 능력은 듣기와 마찬가지로 감각 능력이다. 반면, 말하기는 글쓰기처럼 운동 능력이다. 말하기와 글쓰기에는 이 시기의 아이에게는 없는 운동 기술이 요구된다.

당신의 아이가 너무 어려서 도트 카드 속 수량을 말로 표현하지 못한다는 사실이 수학을 가르칠 때 아이의 언어 능력이 자라고 풍부해진다는 사실을 부정하는 것은 아니다. 실제로 수학을 가르치면 아이는 말하는 속도도 빨라지고 어휘량도 늘어난다. 눈을 통해 뇌로 전달되든, 귀를 통해 뇌로 전달되든 언어는 언어라는 점을 명심하자.

생후 4개월 아이는 도트 카드의 수량을 소리 내어 읽을 수 없다. 아무도 아이에게 그런 일을 기대하지 않으며, 이는 오히려 다행인 일이다. 덕분에 아이는 조용히, 신속하게, 효과적으로 도트 카드를 '읽을' 수 있다.

이 시기의 어린아이는 정보를 그야말로 '먹어 치운다'. 아이는 아마도 당신이 주는 것 이상의 정보를 요구할 것이다. 수학 수업을 시작하면, 수업이 끝날 즈음 아이는 더 많은 정보를 요구할 것이다. 그럴 때 방금 본 카드를 반복하거나 다른 카드 세트를 보여 주고 싶은 유혹에 넘어가면 안 된다. 아이는 매일 보여 주는 도트 카드 2세트보다 더 많은 양을 보고도 여전히 더 원할 수 있다.

실제로 당신은 생후 3~4개월 아이에게 카드 세트를 연달아 보여 주면서 그럭저럭 몇 달을 버틸 수 있다. 하지만 머지않아 방식을 바꿔야 할 가능성도 염두에 둬야 한다. 아마 그래야만 할 테니 말이다. 어린아이는 언어 천재다. 아이에게 새로운 정보를 더 많이 제공할 각오를 해야만 한다.

'관찰자'에서 '탐험가'가 된다
: 7~12개월 시기의 수학

생후 7~12개월 아이와 처음 수학 공부를 시작한다면, 명심해야 할 가장 중요한 두 가지 사항이 있다.

1. 모든 수업은 아주 짧아야 한다.
2. 수업을 자주 해야 한다.

생후 4개월 아이라면 한 번 수업할 때 도트 카드 두 세트를 연달아 보고 싶어 하는 경우가 간혹 있다. 하지만 7~12개월 아이에게 이런 방식은 재앙이나 다름없다. 한 번의 수업에는 도트 카드 한 세트만 사용하고, 그 뒤에는 치워야 한다.

그 이유는 간단하다. 아이의 운동 능력이 하루가 다르게 성장하기 때문이다. 생후 3개월 아이는 상대적으로 한곳에 가만히 있는 '관찰자'다. 그래서 한참 동안 카드를 바라볼 수 있다. 어른들은 이 상태에 익숙해져서, 한번 자리를 잡고 앉으면 아이에게 모든 카드를 보여 주는 습관이 생긴다. 우리에게는 이런 루틴이 쉽기 때문에, 그만큼 쉽게 익숙해진다.

아이의 바빠진 일정을 존중하라

하지만 아이는 나날이 변하고 있다. 점점 활발히 움직이게 되고, 손과 무릎으로 기어다니기 시작하면 아이의 눈앞에는 새로운 가능성의 세계가 온전히 펼쳐진다. 이제 아이는 운전면허증을 갓 딴 사람처럼 이곳저곳을 탐험하고 싶어 죽을 지경이다. 한 번에 카드 50장을 행복하게 바라보던 정적인 꼬마가 돌연 바뀐다. 이제 아이는 가만히 있지 않는다. 이제 아이에게는 수학을 공부할 시간이 없다.

이런 변화 앞에서 어른들은 의욕을 잃는다. '내가 뭘 잘못한 거지?', '아이가 더는 수학을 좋아하지 않나 봐!' 당황한 어른들은 포기하고 만다.

그런데 아이도 당황스럽기는 마찬가지다. 수학을 배우면서 아주 즐거운 시간을 보내고 있었는데, 도트 카드와 등식이 갑자기 사라져 버린 것이다. 사실 아이는 수학을 싫어하게 된 것이 아니라 단지 일정이 바빠졌을 뿐이다. 이제 아이는 집 안 전체를 탐험해야 한다. 해가 지기 전에 부엌 수납장 문을 일일이 열었다 닫아 보아야 하고, 집 안의 플러그란 플러그는 다 조사해야 하며, 카펫의 먼지를 하나하나 집어 먹어 봐야 한다. 집 안에는 생후 7개월 아이가 찾아서 망가뜨릴 것들이 산더미처럼 많다. 아이는 여전히 수학을 탐구하고 싶어 하지만, 한 번에 50장의 카드를 볼 여유는 없다. 이 시기 아이에게는 한 번에 카드 5장을 보여 주는 편이 훨씬 더 낫다.

수업 시간이 짧아지면 아이는 계속해서 새로운 정보를 단숨에 흡수한다. 문제는 당신이 시간을 몇 초 더 끈 탓에, 아이가 다음 일정에 늦게 되는 경우에만 발생한다. 그러면 아이는 어쩔 수 없이 거실 바닥 한가운데에 당신만 덩그러니 남겨 둔 채 자리를 뜰 것이다.

어른들은 안정적인 일정을 정해서 계획적으로 행동하길 좋아한다. 반면, 아이들은 역동적이다. 절대 멈추지 않고 변화한다. 당신이 이제 막 루틴을 만들었다고 느낄 때쯤, 어린아이는 새로운 단계로 나아간다. 이때 아이를 따라가지 않는다면 당신은 뒤에 남겨질 것이다.

그렇기에 수업 시간은 언제나 짧아야 한다. 아이의 활동량이 늘어남에 따라, 짧은 수업은 아이의 바쁜 일정에 자연스럽게 녹아들 수 있는 최선의 방법이다.

활동량이 최고조에 이른다
: 12~18개월 시기의 수학

이 나이대의 아이와 수학 프로그램을 시작한다면, 반드시 기억해야 할 가장 중요한 두 가지 사항이 있다.

1. 수업 시간은 매우 매우 짧아야 한다.
2. 아이가 그만두고 싶어 하기 전에 멈춰야 한다.

수학 학습의 관점에서 이 시기에는 1, 2단계와 3단계에 집중하게 될 것이다. 하지만 생후 12~18개월 아이와 수학 학습을 진행하면서 가장 중요시해야 할 것은 수업 시간을 아주, 아주 짧게 가져가는 것이다. 이렇게 강조하는 이유는 아이의 운동 능력 발달이 이 시기에 극도로 중요해지기 때문이다.

생후 12개월이 되면 아이는 이미 걷고 있거나, 첫걸음마를 떼기 위해 가구나 사람을 붙잡고 일어나기 시작한다. 아이가 18개월이 되면, 안정적으로 잘 걸을 뿐만 아니라 본격적으로 뛰기 시작한다. 단 6개월 만에 이런 눈부신 성과를 이루기 위해 아이는 신체적 위험을 감수해 가면서 엄청난 시간과 에너지를 쏟아붓는다.

아이가 그만두고 싶어 하기 전에 멈춰라

아이의 인생에서 이때만큼 신체적 움직임이 중요한 시기는 없다. 아이가 낮 동안에 하는 일들을 따라 하려고 들면, 한 시간 만에 당신은 틀림없이 탈진 상태가 될 것이다. 실제로 시도해 본 어른들도 있다.

어른들 가운데 누구도 평균적인 생후 12개월 아이의 하루 활동량만큼 움직이지 못한다. 신체적 활동은 어린아이들에게는 무척 중요하다. 이러한 성장 및 발달 단계 동안, 부모는 현명함을 발휘해서 아이의 강도 높은 신체 활동 수준에 맞게 수학 학습을 조정해야 한다. 지금까지는 수업 한 번에 도트 카드 5장 또는 등식 3개를 진행하는 것이 적절했겠지만, 이 시기에는 수업 한 번에 보여 주는 도트 카드 수를 2~3장, 심지어 1장으로 줄여야 할 수도 있다.

아이가 그만두고 싶어 하기 전에 언제나 먼저 멈추어야 한다. 이보다 더 효과적인 교육 원칙은 없다. 이 원칙은 발달단계와 나이를 불문하고 모든 연령대의 교육에 모두 적용된다. 그리고 생후 12~18개월 아이에게는 특히 더 중요하다. 수업 시간은 짧게, 빈도는 잦게 하라. 아이에게는 짧지만 귀중한 휴식 시간이 필요하다.

아이는 점의 수량을 인식하는 1단계부터 숫자로 된 정교한 등식이 나오는 5단계에 이르기까지의 모든 학습 과정을 좋아한다. 그렇더라도 수업 시간은 매우 짧아야 한다. 왜냐면 아이는 이리저리 움직이기 바빠서 한곳에 오래 머무를 여유가 없다. 아이에게는 아주 짧으면서도 달콤한 수업이 적합하다.

자신만의 관점을 갖기 시작한다 
: 18~30개월 시기의 수학

생후 18~30개월 아이와 새롭거나 기존과 다른 무언가를 시작하는 일은 일종의 도전이 될 수 있다. 물론, 아이는 유능하므로 일관성 있게 수업을 진행하기만 하면 1단계부터 5단계까지 빠르게 섭렵할 것이다. 다만, 이런 아이를 가르칠 때 명심해야 할 중요 사항 두 가지가 있다.

1. 수학 수업은 점진적으로 시작해야 한다.
2. 도트 카드에서 시작해 등식 단계로 가능한 한 빨리 진도를 나가야 한다.

아이는 나날이 성장하면서 자신만의 관점을 가지게 된다. 또한 호불호도 분명해지기 시작한다. 생후 18개월의 아이는 더는 생후 3개월 때의 순수한 지적 존재가 아니다.

18개월 아이에게 시각적 형태로 언어를 접하게 하려면 먼저 기억해야 할 사실이 있다. 아이는 청각적으로는 이미 언어 전문가라는 점이다. 사실 아이는 몇 달째 말을 하고 있었지만, 어른들이 이제야 아이의 소리를 '말'로 이해한 것뿐이다. 마침내 어른들이 자기 말을 알아듣는다는 사실을 깨달은 아이는 당연히 하고 싶은 말도, 요구할 것들도 많을 테다.

여기서 명심해야 할 사실은, 어떤 생각이든 아이가 스스로 생각해 낸 것일 때 가장 좋다는 점이다. 이 시기의 아이는 다른 사람에게서 비롯된 생각에 동의하지 않을 수도 있다. 이때의 아이만큼 완전하고도 자신 있게 무대의 중심을 독차지하는 존재는 없다. 이것은 아이의 자부심이며, 수학 수업도 이러한 점을 고려하여 설계되어야 한다.

서두르지 말고 아이가 선택하게 하라

첫 번째로 기억해야 할 점은, 수학 공부를 전혀 하지 않던 아이와 하루 만에 본격적인 과정으로 건너뛸 수는 없다는 점이다. 이 시기에 수학 수업을 시작한다면, 앞서 강조했듯이 도트 카드 5장짜리 두 세트로 시작하는 대신, 다섯 장짜리 한 세트만으로 시작해라. 이렇게 하면 무리하지 않으면서도 아이의 호기심을 자극할 수 있다.

아이는 일단 수학이 자신의 의지로 이루어진다고 느낄 때, 그리고 도트 카드가 자기 것이라고 느낄 때 수학을 사랑하게 될 것이다. 하지만 처음 이것들은 부모의 것이고, 낯선 존재다.

그러니 처음에는 하루 중 적절한 순간을 골라 도트 카드 5장 한 세트를 아주 빨리 보여 준 다음 치워 버린다. 그러다가 적당한 순간이 오면 다시 보여 준다. 며칠이 지나면 도트 카드 5장으로 된 두 번째 세트를 추가한다. 아이가 관심을 보이며 점진적으로 등식을 배우게 되면, 날마다 등식 3개로 된 새로운 세트를 접하게 한다.

일부러 아이의 성에 차지 않을 만큼만 보여 줘서 아이가 더 하자고 하게끔 유도하면 가장 좋다. 학습이 진행되는 동안, 아이에게 어떤 등식이 좋은지 묻고 아이가 원하는 등식을 사용하도록 한다.

둘째로, 도트 카드로 1부터 20까지를 배운 후에는 즉시 등식을 시작하라. 아이는 등식을 좋아할 것이므로 50까지 배우도록 기다리지 말고 등식으로 넘어가야 한다. 아이는 이제 영아가 아니므로 도트 카드보다 등식을 더 배우고 싶어 할 것이다. 1단계를 급진적 방식이 아닌 점진적 방식으로 시작하기만 한다면, 아이는 수학 학습의 단계를 즐겁게 따라갈 것이다.

마지막으로, 아이가 점의 수량이나 등식을 소리 내어 말하는 것에 대해 한마디만 하겠다. 누구나 잘 알듯, 2세 아이는 자기가 하고 싶은 대로 행동한다. 등식을 소리 내어 말하고 싶다면 그렇게 할 것이고, 말하고 싶지 않다면 말하지 않을 것이다. 핵심은 아이가 몇 살이든 아이에게는 스스로 선택한 방식으로 자신의 지식을 드러낼 권리가(반대로 자신이 원하는 방식이 아니면 드러내지 않을 권리가) 있음을 인정해야 한다는 것이다.

결정적 시기는 아직 지나지 않았다
: 30개월 이상 시기의 수학

실제 가치나 수량을 인식하는 능력은 출생 직후부터 생후 30개월 사이에 가장 뚜렷하게 드러난다. 도트 카드 수업은 아이가 타고난 역량을 발휘하기에 가장 적합한 활동이다. 그렇다고 30개월 이상 된 아이는 수량을 배울 가능성이 전혀 없다는 뜻이 아니다. 다만, 성공할 확률이 이전보다 낮다는 의미다.

만약 당신의 아이가 30개월이 막 지났을 뿐이라면 반드시 도트 카드를 시도하기를 권한다. 잘된다면 잃는 것 없이 수많은 이점을 얻을 것이다. 반면, 아이가 30개월을 훌쩍 넘긴 상태라면 1~20까지의 도트 카드를 보여 주라고 권하고 싶다. 아이가 이 정도로 컸는데도 다행히 이 카드들을 인식할 수 있다면 그야말로 멋진 일이다.

만약 아이가 잘 인식하지 못하더라도, 1~20까지의 도트 카드를 본 아이는 보지 않은 아이보다 수량에 대한 감각이 더 좋을 수밖에 없다. 이 수업은 아이가 앞으로 수학을 배우는 동안 유리하게 작용할 것이다.

점 98개와 99개의 차이를 즉석에서 구별하는 능력은 멋지고 경이로운 능력이다. 하지만 이것이 전부는 아니다. 아이가 즉석에서 점의 수량을 알아보거나 수학 등식을 풀 줄 모르더라도 고등 수학의 세계로 가는 문은 여전히 열려 있다.

이 책에서는 방대한 수학 언어의 첫걸음을 다뤘다. 1단계는 수량이다. 안타깝게도 나와 당신은 이 단계를 밟지 못한 채로 수학을 배워야 했다. 바로 이 단계가 연산이 쉬워지는 핵심인데 말이다.

사실, 수학에서 연산은 시작에 불과하다. 그러나 애석하게도 어른들은 대부분 연산 단계가 너무 어렵게 느껴지는 나머지 그다음 단계로 나아가지 못했다. 진짜 재미가 시작되는 고등 수학에 이를 때쯤이면, 우리는 이미 수학을 포기한 후다. 그런데 더 중요한 것은, 우리는 수학을 포기함으로써 우리 자신을 포기하고, 우리 자신의 뛰어난 수학적 잠재력을 포기했다는 사실이다.

당신의 3~5세 아이가 우리와 같은 운명으로 고통받아서는 안 된다. 만약 아이가 도트 카드를 학습하기에 너무 커 버렸다면, 주저하지 말고 숫자를 가르치기 시작하라. 이 경우, 진도를 조금 느리게 나가야 할 수도 있고, 분명 좀 더 전형적인 방법으로 등식 교육에 접근해야 할 것이다. 그렇더라도 날것의 사실을 받아들이는 아이의 능력은 바로 지금이, 앞으로 그 어느 때보다 가장 뛰어나다는 사실을 잊지 말아야 한다.

삼각법을 즐겨 하는 10~12세의 뛰어난 어린 수학자들 가운데는 4세나 5세 또는 도트 카드를 배울 나이가 훌쩍 넘어서야 가정에서 수학 학습을 시작한 아이들이 많다. 그러니 즉각적인 수학 능력을 갖춰야 한다는 생각에 사로잡혀서 숲을 보지 못하는 우를 범하지 말기를 바란다.

우리의 궁극적인 목표는 아이가 수학 언어의 전 영역을 아우르게 하는 것이다. 과학의 일종으로서 수학의 진정한 아름다움과 즐거움은 논리적, 창의적으로 사고하고 추론하는 기회 속에서 발견하는 것이다. 계산기를 쓰더라도 얼마든지 이 아름다움과 즐거움을 누릴 수 있다.

그러므로 성장한 아이를 포기하지 말라. 그 아이들도 배움을 기다리는 수학자들이다. 최대한 어릴 때 수학을 시작하라. 아이의 능력에 깜짝 놀라게 될 것이다.

아이에게 수학을 가르치면 벌어질 일들

자녀에게 수학을 가르치기 시작하면 틀림없이 다음과 같은 일이 벌어진다.

1. 수업이 순조롭게 진행되면서, 아이를 가르치는 방법을 더 배우고 싶은 열정이 생긴다.
2. 의문이 들거나 문제가 생긴다.

질문이 있거나 해결할 수 없는 문제가 생기면, 다음과 같은 단계를 밟아 보기를 바란다.

1. 3장과 4장을 다시 주의 깊게 읽는다. 실제로 수학에 대한 기술적 질문은 대부분 이 두 장에 다 담겨 있다. 다시 읽어 보면 처음에 놓쳤던 부분을 발견해서 쉽게 고칠 수 있다. 그렇지 않은 경우, 아래의 2단계로 넘어간다.
2. 이 책을 다시 꼼꼼하게 읽는다. 수학에 대한 철학적 질문은 대부분 이 책 안에서 다루고 있다. 책을 다시 읽을 때마다 내용을 이해하는 수준이 높아질 것이다. 당신도 아이를 가르치는 데 경험치가 쌓이기 때문이다. 그러면서 필요한 답을 찾게 된다. 그렇지 않다면 아래의 3단계로 넘어간다.
3. 훌륭한 선생님이 되려면 충분한 수면이 필요하다. 수면 시간을 늘려라. 엄

마들, 특히 아주 어린 자녀를 둔 엄마들은 적정 수면 시간을 확보하지 못할 때가 많다. 당신이 얼마나 규칙적으로 잠을 자는지 정직하게 계산해 보라. 여기에 최소 1시간을 추가하라. 이렇게 해서 문제가 해결되지 않는다면, 4단계로 넘어간다.

4. 우리에게 사연을 보내도록 한다. 당신이 무엇을 하고 있는지, 질문이 무엇인지 알려 달라. 우리는 25년 넘게 모든 편지에 답변하고 있다. 다만 전 세계에서 사연이 오기 때문에 당신에게 답장이 가기까지 시간이 걸릴 수 있다. 그러니 먼저 위의 1단계부터 3단계까지를 제대로 실행했는지 확인한다. 그래도 필요하다면 편지를 보내 주기를 바란다(연구소의 연락처는 이 책의 맨 뒤에 있다).

아이에게 수학을 가르치며
우리에게 남은 질문

배움은 삶의 가장 큰 기쁨 가운데 하나이며, 앞으로도 계속 그래야만 한다. 지금 당신은 아이의 마음속에 일생에 걸쳐 몇 배로 커질 배움에 대한 사랑을 심고 있다. 더 정확히 말하자면, 마음속에 내재한 배움에 대한 열망을 강화하고 있다. 이 열망은 부정당하지는 않지만, 분명 쓸모없거나 심지어 부정적인 방면으로 왜곡될 수 있다. 그러니 기쁜 마음으로 놀이를 즐겨라.

당신은 수학으로 풀 수 있는 모든 매력적인 문제를 접하게 함으로써 아이에게 무엇과도 비교할 수 없는 지식의 기회를 제공하고 있다.

어른들이 훈련받은 '숫자'라는 개념은 추상적이다. 수를 나타내는 기호라는 점만 빼면 그 자체로는 아무런 의미도 없다. 반면,

아이들이 월등히 잘 아는 '수'라는 개념은 더없이 구체적이다. 아이들은 마음의 눈으로 수를 '볼' 수 있다. 우리가 숫자라는 기호를 읽을 수 있듯, 아이들은 실제의 수를 '읽을' 수 있다. 바로 이 때문에 어린아이들은 문제에 즉석으로 답할 수 있는 것이다.

어린아이는 직관을 통해 세상을 배운다

아이는 작은 계산기와 매우 비슷하다. 우리는 계산기의 버튼을 누르며 이렇게 말한다. "계산기야, 987×654는 뭐지?" 등호를 누르면 눈 깜빡할 사이에 '645,498'이라는 답이 나타난다. 몇 개의 버튼과 약간의 전선으로 만든 4달러짜리 기계가 방대하고 놀라운 피질을 지닌 인간보다 먼저 정답을 척척 내놓는 것을 보면 약간은 모욕적이기까지 하다.

하지만 인간도 어렸을 때는 영어나 프랑스어, 독일어를 애쓰지 않고도 통달한다. 하지만 컴퓨터는 제아무리 복잡하고 비싸더라도 인간과 진정한 대화를 나눌 수 없다. 다행스럽게도 어린아이들은 인간의 자존심을 지켜 준다. 4달러짜리 계산기가 그렇듯, 아이들도 언제나 즉석에서 답을 낸다. 전 세계적으로도 이렇게 천재적인 어른은 소수에 불과하다. 유럽원자핵공동연구소

CERN에서 일하는 네덜란드 수학자 빌럼 클라인Willem Klein은 2분 43초 만에 암산으로 어떤 500자리 숫자의 73 제곱근을 구했다. 인간이 내놓은 답은 전자 컴퓨터로 정답임이 확인되었다. 이런 점에서 그는 어린아이들과 같다.

빌럼 클라인이 어린아이처럼 수학을 이해했다는 사실이 과연 놀라운 일일까? 그는 '7을 받아올림'하는 낡아 빠지고 멍청한 의식 따위는 필요 없다고 생각했다. 어른들이 배웠던 수학, 우리를 한평생 고통스럽게 한 복잡하고 부정확한 계산법 말이다. 나도, 이 책을 읽는 독자도 이런 낡은 방법에 얽매여 자란 어른이다. 아이들은 깨어 있는 매 순간 배우지만, 어른들은 자기들이 항상 가르치고 있다는 사실을 자각하지 못한다. 그래서 의도치 않게 잘못된 것을 가르치기도 한다.

가르칠 때는 아주 빠르게 진행해야 한다. 그렇지 않으면 아이는 지루해 죽으려 할 것이다. 최근, 딸이 카드를 이해하지 못할까 봐 아주 느리게 수업을 진행하던 한 엄마가 3세 딸아이에게 조용히, 그러나 단호하게 혼쭐이 난 일이 있었다.

이 어린아이는 잔뜩 짜증이 나서 "아니, 엄마!"라고 하더니 도트 카드들을 뒤져서 몇 장을 골랐다. 그러더니 식당으로 행군하듯 들어가서 아빠의 접시 위에 점 32개가 그려진 카드를, 엄마의 접시 위에는 점 30개가 그려진 카드를, 오빠의 접시에는 점 8개짜리 카드를, 언니의 접시에는 점 5개짜리 카드를, 자기 접시에는 점 3개짜리 카드를 가져다 놓았다. 엄마는 시간이 조금 지나서야 아이가 가족의 접시 위에 각자의 나이대로 도트 카드를 두었음을 깨달았다. 수학을 아는 아이들은 수에 대해 온갖 질문을 하고 그 답을 기억한다. 그 엄마는 아이가 말하고자 하는 메시지를 포착하고는 그때부터 5배 빠른 속도로 진도를 나갔다.

또 한 가지, 어린아이들은 어른들이 자기들처럼 할 수 없다는 사실을 모른다. 우리 프로그램에 참여하는 현명한 할머니 한 분이 점 69개가 그려진 카드를 들고 3세 손녀에게 바보 같은 질문을 했다.

"아가야, 점이 몇 개나 보이니?"

"다 보여요, 할머니."

아이에게 바보 같은 질문을 하면 영리한 답이 돌아올 것이다.

역사적으로 우리는 어린아이들의 수학 능력을 지독히도 과소평가했을 뿐만 아니라(어른들의 능력은 주로 과대평가했다), 아이들의 능력과 흥미에 턱없이 모자라는 학습 자료를 제공했다. 그나마도 너무 재미없게 제공해서 아이들이 결국 수학을 싫어하게 만들었다.

우리는 2세 아이도 지루해서 눈물 흘리며 하품할 문제를 5세 아이에게 풀라고 준다. 곰돌이 둘이 곰돌이 셋을 만나면 곰돌이가 모두 다섯이 된다고 설명하는 책을 앞에 둔 채, 순식간에 등식을 풀 줄 아는 2세 아이의 모습이 상상되는가?

어린아이는 무미건조한 어른들과는 다른, 활기 넘치는 존재다. 어린아이는 사실을 통해 세상을 배운다. 사실을 보여 주면, 아이들은 그 사실을 지배하는 법칙을 직관적으로 이해한다. 이는 과학자들이 세상을 이해하는 방식과 같다. 사전에서는 과학을 가리켜 '사실을 지배하는 법칙을 드러내도록 체계적으로 조직된 일련의 사실을 다루는 지식 분야'라고 정의한다. 이런 사전적 정의에 따르면, 어린아이야말로 과학자다. 그러므로 아이들에게 이론과 추상적인 내용을 알려 주기보다는 사실과 현실을 보여 주기를 바란다.

조용한 혁명은 이미 시작되었다

이제 당신은 훌륭한 선생님이 되었다. 꼬마 아이에게 수학을 가르쳤으니 말이다. 이것은 아무나 할 수 있는 일이 아니다. 이제 아이에게는 수학의 세계로 가는 문이 열렸다. 어떤 방법이든 현명하게 사용해서 당신이 원하는 모든 것을 아이에게 가르치도록 하라. 아이가 돌아다니고 뛰어다니기 시작하면, 계산기를 사 주어도 좋다. 아이는 당신을 놀라게 할 것이다. 한계란 없다. 앞서 우리가 제안했던 일반적인 규칙들이 모두 여전히 적용된다.

아이를 밀어붙이지 말고, 압박하지도 말라. 아이는 무엇이 가치 있고 무엇이 그렇지 않은지를 판단할 때 당신에게서 모든 실마리를 얻는다. 아이를 지루하게 만들지도 말고, 어떤 경우든 아이가 그만두고 싶어 하기 전에 먼저 그만하라.

수학은 일종의 재미있는 놀이다. 아이에게 수학을 가르치는 일은 아이와 함께하는 놀이다. 우리의 경험에 따르면, 즐겁고 유쾌하게 창의적으로 수학 수업에 접근한 부모들이 가장 좋은 결과를 얻었다. 당신은 교육부 장관이 아니다. 당신은 아이의 부모이며 아이의 편이다. 가르침은 따분한 일이 아니다. 절대 힘들고 지루한 일이 되어서는 안 된다.

아이가 자유롭게 뛰어다니게 되면 당신은 생각대로 움직이지 않는 아이를 막거나 말릴 수 없게 된다. 독서와 마찬가지로 수학은 모든 교육, 사실상 우리가 아는 세상의 모든 배움의 기본이다. 배움은 삶이 주는 가장 위대한 보물이며, 그 안에 사랑과 존중이 있어야 비로소 가치가 생긴다. 수학을 가르치고 배우는 과정에서 당신과 아이는 사랑과 존중에 대해 더 많이 배우게 될 것이다.

이제 조용한 혁명은 시작되었다. 이 혁명의 여정 속에서 많은 부모가 아이를 향한 큰 사랑과 깊은 존중을 느꼈다. 또한, 아이를 가르치고 싶은 열정과 함께 처음보다 섬세하고 심오한 '두 번째 교육'의 과실을 즐기고자 하는 열정의 샘도 발견했다.

비밀이 밝혀진 지금, 질문은 '어린아이들이 수학을 할 수 있는가?'가 아니다. 우리가 던져야 할 질문은 '아이들이 어디까지 멀리 갈 수 있을까?'다. 수많은 아이가 수학을 배우고, 그로 인해 세계의 지식이 상상을 초월할 정도로 확장된다면 그들은 이 낡은 세상을 어떻게 변화시킬까?

지식이 인간을 선으로 인도한다면, 전 세계 아이들은 더 유능해져서 자신의 뛰어난 능력에 자부심을 느끼고, 그 능력을 이용해 우리가 직면한 문제들을 해결하게 될 것이다. 그렇게 된다면 이 세상은 분명 더 나은 곳이 될 것이다. 결국, 바로 이것이 조용한 혁명의 핵심이다.

How to
Teach
Your Baby
Math

이 책에 담긴 기본 발상은 단순하고 명확하다. 어떻게 수많은 사람이 이런 발상을 못 했는지 믿기지 않을 정도다. 우리가 밝혀내기 전까지는, 적어도 이런 발상을 이해할 수 있을 만큼 분명하고 강경하게 자세히 설명한 적이 없다. 만약 다른 누군가가 이 책의 내용과 같은 주장을 했는데도 사람들이 듣지 못했다면, 나는 그 사람이 혼자였기 때문이리라고 생각한다.

누구도 자기 힘만으로는 책을 쓸 수 없다. 이 책은 특히 더 그랬다. 우리의 목소리가 사람들에게 전달된다면, 그것은 모두 다음에 소개하는 사람들 덕분이다.

수전 아이슨, 지적 우수성 개발 연구소의 소장은 재닛 도만과 함께 지도 방법을 개발하고 실제로 아이들을 가르쳤다. 사실상

이 책의 공동 저자라 하겠다.

나의 아내 케이티 도만은 엄마들을 상대로 아이에게 읽기와 수학을 가르치는 방법과 아이들의 지능을 높이는 방법을 처음으로 가르쳤으며, 지금도 여전히 이런 일을 훌륭히 해내고 있다.

우리 연구소를 찾은 뇌손상 아동의 부모님들은 창의력과 불굴의 투지로 수학 교육의 길을 닦는 데 힘을 보탰다.

에반 토머스 연구소의 어머니들과 어린아이들 역시 그 길을 따르고 도움을 주었다.

윌리엄 존츠, 프로젝트 SEED의 창립자는 소크라테스식 문답 수업을 '발견 기반 수업법'으로 발전시켰다. 스즈키 박사가 음악 교육에 한 일을 그는 수학 교육에서 해냈다.

도널드 반하우스는 수학에 정통한 수학자이자 훌륭한 선생님으로서 에반 토머스 연구소의 자문위원으로 활동하면서 이 책의 제3판에 도움이 되는 여러 내용을 추가하고 수정해 주었다.

연구소 편집자 재닛 고저는 이번 판에 실릴 내용을 편집하고 교정하느라 고생했다.

전임 특별 프로젝트 팀장 마이클 아먼트라우트는 이 책의 제2판 원고와 편집 작업을 세심히 감독해 주었다.

나의 조교 그레타 어트만과 캐시 룰링 홍보부장은 애정을 담아 밤새워 초판 원고를 검토하면서 나를 배려해 주었다.

미키 나카야치, 테루키 우에무라, 올리비아 펠리그라, 제임스 칼리스, 캐시 마이어스, 엘리안 홀란다, 요시코 쿠마가이, 미츠에 노구치, 수재나 혼 등 연구소 직원 모두가 큰 도움을 주었다.

그 외에도 조력을 아끼지 않은 사람들은 다 열거하기 힘들 정도로 많다.

나의 아들이자 인간잠재력개발연구소 부소장인 더글러스 도만.

인간잠재력개발연구소 명예 의료과장 로젤리즈 윌킨슨 박사와 현 의료과장 코럴리 톰슨 박사.

신체적 우수성 개발 연구소 소속 로잘린드 도만, 레이아 라일리, 루미코 도만, 나티 마이어스, 제니퍼 카네파, 로젤리오 마르티.

생리적 우수성 개발 연구소 소속 앤 볼, 던 프라이스, 리 왕 박사, 에르네스토 바스케즈 박사.

전체 연구소의 재무 담당관 로버트 더, 행정관 린다 말레타.

전임 연구소장 그레첸 커는 내가 이 책을 집필하는 동안 기꺼이 내 업무를 인계받아 일해 주었다.

연구소의 전임 아동 담당관 일레인 리.

학자들을 위한 템플 페이 연구소 전임 소장 닐 하비 박사.

인간잠재력개발연구소 이사회 소속 이사 가운데 앞서 언급된 사람들 외에도 미하이 디만세스쿠, 랄프 펠리그라, 셔먼 히네스, 리처드 클릭, 스튜어트 그레이엄, 필립 본드.

이 책의 출판을 맡은 스퀘어원 출판사 사장 루디 서는 책을 사랑할 뿐만 아니라, 공경스럽고 중요한 연구물들이 절판되지 않고 계속 출판될 수 있게 하고 있다. 덕분에 새내기 엄마들이 어린 자녀를 가르치는 방법을 배울 기회를 얻고 있다.

이 책뿐만 아니라 우리가 집필한 모든 책이 세상의 빛을 볼 수 있도록 한결같이 너그러운 지원을 아끼지 않은 사람들이 있다. 미국 철강노동조합, 나사 에임즈 연구센터, 본 연구소 후원회, 소니 그룹, 존&메리 맥셰인, 사모토 스스무, 마쓰자와 카나메, 리자 미넬리, 제리&모린 모란츠, 월터 G. 버크너, 존&조시 코넬리, 샘&조앤 메츠거, 댄&마거릿 멜처, 마사루&요시코 이부카, 루이즈 사치.

마지막으로, 나는 역사 속에서 아이들이 어른의 생각보다 훨씬 더 뛰어난 존재라고 굳게 믿었던 사람들 모두에게 고개 숙여 경의를 표하고 싶다.

등식과 수의 특징

모든 수에는 고유한 특징이 있다. 수학을 사랑하는 사람들은 심지어 이것을 '개성'이라고 표현하기도 한다. 그런데 수마다 개성이 있다는 말은 전혀 과장이 아니다. 0과 1은 그야말로 슈퍼스타다. 도트 카드에 있는 수를 두고 이야기한다면, 오늘날에는 10과 100이 매우 특별한 존재다. 십진법이 우리 문화에 워낙 깊이 뿌리내리고 있기 때문이다. 2, 4, 8 등 2의 배수도 매우 특별하다. 컴퓨터에서 주로 사용하는 이진법의 기반을 이루기 때문이다. 자동차부터 복사기에 이르기까지 모든 곳에 있는 기계식 계수기는 0에서 시작해서 9까지 셈한 다음 다시 0으로 돌아간다. 그런데 아이의 키를 젤 때는 3피트 9인치 다음을 4피트라고 하지 않는다. 인치는 12단위로 묶기 때문이다. 시계도 마찬가지다. 또한, 신생아의 체중을 측정할 때 역시 6파운드 9온스 다음을 7파운드라고 하지 않는다. 온스는 16단위로 묶기 때문이다(일부 컴퓨터 비트도 마찬가지다). 아이가 이 모든 것을 배우려면 꽤 시간이 걸린다. 하지만 수 자체는 보편적이라, 어린아이도 수를 즉각적으로 인지한다.

도트 카드의 훌륭한 미덕은 카드에 그려진 점의 수가 숫자 체계에 의존하지 않는다는 점이다. 천 년 전의 로마 아이도, 2천 년 전의 인도 아이도, 3천 년 전의 이집트 아이도 오늘날 당신의 아이가 보게 될 도트 카드를 보면 정확히 똑같은 수를 보게 된다. 하지만 그 수에 이름을 붙이는 순간, 우리는 특정 문화권에 소속된 존재임이 드러난다. 그래서 도트 카드를 보여 주며 설명할 때는 세계 대부분 지역에서 사용하는 십진법이 사용된다.

카드를 들고 자녀에게 "74!"라고 말하는 순간, 당신은 카드에 그려진 한 무리의 빨간색 점들을 점 10개로 된 묶음 7개와 낱개의 점 4개로 보는 문화에 속해 있다고 스스로 밝히는 셈이 된다. 만약 16진법을 사용하는 세상이었다면 '4A'라고 불렀을 것이다. '74'라고 말하는 것은 실제로는 '7개의 10, 4개의 1'이라고 말하는 것과 같다. 어느 정도 카드를 본 시점에서는 아이도 이 의미를 부분적으로는 이해한 상태가 된다. 분명 아이는 '십-'으로 시작하는 이름들의 유사점을 알아챌 것이다. 그 뒤로 10의 배수가 '삼십',

'사십', '오십'처럼 같은 소리로 끝난다는 것도 눈치챌 것이다. 또한, '칠'과 '십칠', '칠십'이라는 소리를 서로 연결 짓기도 한다. 아이는 분명 처음 9장의 카드 이름을 반복해서 들을 것이다. 그는 카드 이름이 '-십'으로 끝나는 카드에 있는 점보다 점이 하나 더 있는 카드가 나올 때마다 '-일'이라는 소리가 들린다는 것을 알게 될 것이다. 우리는 아이가 어떻게 이 모든 정보를 처리하는지는 정확히 알지 못하지만, 분명 아이의 머릿속 어딘가에는 들어가 있다.

어떻게 보느냐에 따라 프랑스 어린이들은 유리할 수도 있고 아니면 혼란스러울 수도 있다. 프랑스어에서는 60보다 큰 10의 배수를 하나의 단어로 부르지 않기 때문이다. 그래서 70은 '60 - 10'이라고 하고, 79는 '60 - 19', 80은 '4 - 20', 90은 '4 - 20 - 10', 97은 '4 - 20 - 17'이라고 부른다.

이와 같은 사실은 도트 카드 뒷면에 적을 수학 공식을 정하는 데 영향을 미친다. 특징이 많은 수에는 그렇지 않은 수보다 공식이 많다. 60이나 30처럼 아주 흥미로운 수들은 공식이 너무 많아 다 적을 수 없을 정도지만, 흥밋거리를 찾기 힘들 정도로 재미없는 수들도 있다(83과 91 같은 수를 말한다).

부록의 카드는 이렇게 구성되었다

각각의 카드 뒷면은 일반적으로 다음과 같이 구성된다. 카드 한쪽 구석에는 대개 '이 숫자는 몇 개의 10과 몇 개의 1로 이루어져 있다'와 같은 기본 자릿값에 대한 정보가 적혀 있다. 다른 구석에는 그 수의 약수(곱해서 이 숫자를 만드는 수)를 알아보는 등식들이 온다. 일반적으로는 약수가 많을수록 흥미로운 수다. 세 번째 구석에는 (가능하다면) 그 수를 이루는 재미있는 수열을 보여 준다. 네 번째 구석에는 그 수가 답이 되는 뺄셈식 몇 가지가 있다. 나중에 덧셈과 곱셈을 배울 때 도움이 되는 식들을 포함해서 기타 관계를 보여 주는 등식들은 여유 공간에 산발적으로 적혀 있다.

등식을 선택한 이유를 한정된 공간에서 모두 설명하기란 불가능하다. 하지만 등식을 후속 학습과 연결해 두려고 노력했다. 이 외에 명시적이지 않은 사실들도 고려했으나, 당신의 아이는 분명히 알아낼 것이다. 예를 들어, 카드 가운데에는 연속한 세 수의 합이 3의 배수가 되는 방정식을 보여 주는 카드가 있다. 따로 언급하지 않으면 당신은 알아채지 못할 수 있지만, 아이는 이를 알아채고 곰곰이 생각할 것이다. 생후 18시간밖에 되지 않은 아이조차 분석적 추론에 흥미를 보이고, 그럴 능력이 있음이 이미 입

중되었다.

등식을 선택하면서 전달하고자 했던 핵심 메시지 가운데 하나
는 '수학은 혼돈이 아니라 질서'라는 사실이다. 미국의 위대한 시
인 마크 반 도런Mark Van Doren이 지은 시에는 다음과 같은 구절이
등장한다.

> *There are no lines in nature, false or true,*
> *Till number cuts a door, and pulls it to.*
> (자연에는 진실과 거짓을 나누는 선이 없다,
> 숫자가 문을 만들고 닫아 버리기 전까지는.)

분명 수 하나하나마다 쓸 수 있는 등식은 무한히 많다. 우리는
참인 등식 가운데 단순히 무작위로 표본을 선정한 것이 아니다.
아무런 구조나 이유가 보이지 않는 식들은 제외했다. '60 카드' 뒷
면에 '42 + 37 - 54 + 23 - 7 + 19 = 60' 같은 등식을 넣는 건 귀중한
공간을 낭비하는 일이라고 생각했다. 오로지 회계사들만이 이런
관련 없는 수들을 보며 살게 된다. 컴퓨터 덕분에 사람들이 이런
수식을 거의 처리하지 않게 된 것이 다행이다. 이런 등식은 마법
사의 주문과 같다. 혼돈은 정말로 의미 있는 것을 보지 못하게 만
든다.

　수학은 수의 기능뿐만 아니라 수의 아름다움과 특징을 볼 수 있게 해 준다. 바라건대, 도트 카드와 등식의 조합이 학교에서 가르치는 것보다 연산을 훨씬 더 현실적이고 흥미롭게 접할 수 있게 만들었으면 한다.

—도널드 반하우스Donald Barnhouse

'0~60 카드' 뒷면에 쓸 수 있는 등식들

0

$1 \times 0 = 0$	$1 - 1 = 0$
$2 \times 0 = 0$	$2 - 2 = 0$
$3 \times 0 = 0$	$3 - 3 = 0$
$5 \times 0 = 0$	$8 - 8 = 0$
$11 \times 0 = 0$	$47 - 47 = 0$
$59 \times 0 = 0$	$65 - 65 = 0$
$0 + 0 = 0$	$4 \times 5 \times 0 = 0$
$0 - 0 = 0$	$20 \div 2 \times 0 = 0$
$0 \times 0 = 0$	$6 \times 0 \times 8 \times 5 = 0$
$0 \div 2 = 0$	$24 \div 3 \times 0 = 0$
$0 \div 9 = 0$	$14 \times 0 \div 7 = 0$
$0 \div 73 = 0$	$100 \times 0 \div 10 = 0$

1

$$1 \times 1 = 1$$
$$1 \times 1 \times 1 \times$$
$$1 \times 1 = 1$$
$$0 + 1 = 1$$
$$1 \div 1 = 1$$
$$1 \times 1 \div 1 \div$$
$$1 \times 1 = 1$$

$$11 - 10 = 1$$
$$21 - 20 = 1$$
$$31 - 30 = 1$$
$$2 - 1 = 1$$
$$100 - 99 = 1$$

$$2 \times 2 \div 4 = 1$$
$$3 \times 2 \div 6 = 1$$
$$5 \times 3 \div 15 = 1$$
$$7 \times 5 \div 35 = 1$$
$$1 \times 2 \times 3 \times$$
$$4 \div 24 = 1$$

$$7 \div 7 = 1$$
$$18 \div 18 = 1$$
$$23 \div 23 = 1$$
$$41 \div 41 = 1$$
$$65 \div 65 = 1$$

2

$$0 + 2 = 2$$
$$2 + 0 = 2$$
$$1 + 1 = 2$$
$$2 \times 1 = 2$$
$$2 \div 1 = 2$$

$$12 - 10 = 2$$
$$22 - 20 = 2$$
$$32 - 30 = 2$$
$$72 - 70 = 2$$
$$100 - 98 = 2$$

$$3 - 1 = 2$$
$$4 - 2 = 2$$
$$5 - 3 = 2$$
$$6 - 4 = 2$$
$$7 - 5 = 2$$

$$4 \div 2 = 2$$
$$6 \div 3 = 2$$
$$8 \div 4 = 2$$
$$10 \div 5 = 2$$
$$20 \div 10 = 2$$

3

$$3 + 0 = 3 \qquad 13 - 10 = 3$$
$$2 + 1 = 3 \qquad 43 - 40 = 3$$
$$1 + 1 + 1 = 3 \qquad 10 - 7 = 3$$
$$3 \times 1 = 3 \qquad 9 - 6 = 3$$
$$1 \times 3 = 3 \qquad 8 - 5 = 3$$

$$6 \times 5 \div 10 = 3 \qquad 6 \div 2 = 3$$
$$9 \times 10 \div 30 = 3 \qquad 9 \div 3 = 3$$
$$4 \times 15 \div 20 = 3 \qquad 12 \div 4 = 3$$
$$12 \times 2 \div 8 = 3 \qquad 15 \div 5 = 3$$
$$3 \times 24 \div 24 = 3 \qquad 30 \div 10 = 3$$

4

$$0 + 4 = 4 \qquad 9 - 5 = 4$$
$$1 + 3 = 4 \qquad 8 - 4 = 4$$
$$2 + 2 = 4 \qquad 7 - 3 = 4$$
$$1 \times 4 = 4 \qquad 6 - 2 = 4$$
$$2 \times 2 = 4 \qquad 5 - 1 = 4$$

$$14 - 10 = 4 \qquad 4 \div 1 = 4$$
$$34 - 30 = 4 \qquad 8 \div 2 = 4$$
$$74 - 70 = 4 \qquad 12 \div 3 = 4$$
$$100 - 96 = 4 \qquad 40 \div 10 = 4$$
$$10 - 6 = 4 \qquad 100 \div 25 = 4$$

5

$$0 + 5 = 5 \qquad 15 - 10 = 5$$
$$1 + 4 = 5 \qquad 45 - 40 = 5$$
$$2 + 3 = 5 \qquad 85 - 80 = 5$$
$$5 \times 1 = 5 \qquad 100 - 95 = 5$$
$$5 \div 1 = 5 \qquad 10 - 5 = 5$$

$$9 - 4 = 5 \qquad 10 \div 2 = 5$$
$$8 - 3 = 5 \qquad 15 \div 3 = 5$$
$$7 - 2 = 5 \qquad 20 \div 4 = 5$$
$$6 - 1 = 5 \qquad 50 \div 10 = 5$$
$$5 - 0 = 5 \qquad 100 \div 20 = 5$$

6

$$0 + 6 = 6 \qquad 16 - 10 = 6$$
$$1 + 5 = 6 \qquad 46 - 40 = 6$$
$$2 + 4 = 6 \qquad 96 - 90 = 6$$
$$3 + 3 = 6 \qquad 100 - 94 = 6$$
$$1 + 2 + 3 = 6 \qquad 10 - 4 = 6$$
$$1 \times 2 \times 3 = 6 \qquad 9 - 3 = 6$$

$$4 \times 12 \div 8 = 6 \qquad 12 \div 2 = 6$$
$$2 \times 18 \div 6 = 6 \qquad 18 \div 3 = 6$$
$$3 \times 10 \div 5 = 6 \qquad 24 \div 4 = 6$$
$$8 \times 3 \div 4 = 6 \qquad 30 \div 5 = 6$$
$$45 \times 2 \div 15 = 6 \qquad 60 \div 10 = 6$$
$$24 \times 3 \div 12 = 6 \qquad 90 \div 15 = 6$$

$$6 + 1 = 7 \qquad 17 - 10 = 7$$
$$5 + 2 = 7 \qquad 37 - 30 = 7$$
$$4 + 3 = 7 \qquad 100 - 93 = 7$$
$$7 \times 1 = 7 \qquad 10 - 3 = 7$$

$$14 - 7 = 7 \qquad 14 \div 2 = 7$$
$$21 - 14 = 7 \qquad 21 \div 3 = 7$$
$$28 - 21 = 7 \qquad 28 \div 4 = 7$$
$$35 - 28 = 7 \qquad 35 \div 5 = 7$$

$$7 + 1 = 8 \qquad 18 - 10 = 8$$
$$6 + 2 = 8 \qquad 28 - 20 = 8$$
$$5 + 3 = 8 \qquad 98 - 90 = 8$$
$$4 + 4 = 8 \qquad 100 - 92 = 8$$
$$2 \times 4 = 8 \qquad 10 - 2 = 8$$
$$2 \times 2 \times 2 = 8 \qquad 9 - 1 = 8$$

$$4 \times 4 \div 2 = 8 \qquad 8 \div 1 = 8$$
$$4 \times 4 \times 4 \div 8 = 8 \qquad 16 \div 2 = 8$$
$$5 \times 16 \div 10 = 8 \qquad 24 \div 3 = 8$$
$$24 \times 3 \div 9 = 8 \qquad 32 \div 4 = 8$$
$$10 \times 4 \div 5 = 8 \qquad 40 \div 5 = 8$$
$$16 \times 2 \div 4 = 8 \qquad 88 \div 11 = 8$$

9

$$8 + 1 = 9 \qquad 81 \div 9 = 9$$
$$7 + 2 = 9 \qquad 72 \div 8 = 9$$
$$6 + 3 = 9 \qquad 63 \div 7 = 9$$
$$5 + 4 = 9 \qquad 54 \div 6 = 9$$
$$3 \times 3 = 9 \qquad 9 \div 1 = 9$$

$$3 + 3 + 3 = 9 \qquad 18 \div 2 = 9$$
$$2 + 3 + 4 = 9 \qquad 27 \div 3 = 9$$
$$1 + 3 + 5 = 9 \qquad 36 \div 4 = 9$$
$$100 - 91 = 9 \qquad 45 \div 5 = 9$$
$$10 - 1 = 9 \qquad 19 - 10 = 9$$

10

$$1 + 9 = 10 \qquad 20 \div 2 = 10$$
$$2 + 8 = 10 \qquad 30 \div 3 = 10$$
$$3 + 7 = 10 \qquad 40 \div 4 = 10$$
$$4 + 6 = 10 \qquad 70 \div 7 = 10$$
$$5 + 5 = 10 \qquad 100 \div 10 = 10$$

$$1 + 2 + 3 + 4 = 10 \qquad 19 - 9 = 10$$
$$20 - 10 = 10 \qquad 18 - 8 = 10$$
$$30 - 20 = 10 \qquad 17 - 7 = 10$$
$$80 - 70 = 10 \qquad 16 - 6 = 10$$
$$100 - 90 = 10 \qquad 15 - 5 = 10$$

11

$$10 + 1 = 11 \qquad 99 \div 9 = 11$$
$$9 + 2 = 11 \qquad 88 \div 8 = 11$$
$$8 + 3 = 11 \qquad 77 \div 7 = 11$$
$$7 + 4 = 11 \qquad 33 \div 3 = 11$$
$$6 + 5 = 11 \qquad 22 \div 2 = 11$$

$$20 - 9 = 11 \qquad 22 - 11 = 11$$
$$100 - 89 = 11 \qquad 33 - 22 = 11$$
$$11 + 0 = 11 \qquad 44 - 33 = 11$$
$$11 - 0 = 11 \qquad 55 - 44 = 11$$
$$11 \div 1 = 11 \qquad 66 - 55 = 11$$

12

$$11 + 1 = 12 \qquad 2 \times 6 = 12$$
$$10 + 2 = 12 \qquad 2 \times 2 \times 3 = 12$$
$$9 + 3 = 12 \qquad 4 \times 3 = 12$$
$$8 + 4 = 12 \qquad 3 + 3 + 3 + 3 = 12$$
$$7 + 5 = 12 \qquad 4 + 4 + 4 = 12$$
$$6 + 6 = 12 \qquad 3 + 4 + 5 = 12$$

$$6 \times 4 \div 2 = 12 \qquad 24 \div 2 = 12$$
$$4 \times 9 \div 3 = 12 \qquad 36 \div 3 = 12$$
$$15 \times 4 \div 5 = 12 \qquad 48 \div 4 = 12$$
$$3 \times 24 \div 6 = 12 \qquad 60 \div 5 = 12$$
$$16 \times 6 \div 8 = 12 \qquad 100 - 88 = 12$$
$$3 \times 4 \div 1 = 12 \qquad 20 - 8 = 12$$

13

$$10 + 3 = 13 \qquad 9 + 4 = 13$$
$$12 + 1 = 13 \qquad 8 + 5 = 13$$
$$13 \times 1 = 13 \qquad 7 + 6 = 13$$

$$52 - 39 = 13 \qquad 52 \div 4 = 13$$
$$39 - 26 = 13 \qquad 26 \div 2 = 13$$
$$26 - 13 = 13 \qquad 39 \div 3 = 13$$

14

$$10 + 4 = 14 \qquad 9 + 5 = 14$$
$$13 + 1 = 14 \qquad 8 + 6 = 14$$
$$14 + 0 = 14 \qquad 7 + 7 = 14$$

$$2 + 3 +$$
$$4 + 5 = 14 \qquad 2 \times 7 = 14$$
$$100 - 86 = 14 \qquad 7 \times 2 = 14$$
$$20 - 6 = 14 \qquad 14 \times 1 = 14$$

15

$$10 + 5 = 15 \qquad 7 + 8 = 15$$
$$14 + 1 = 15 \qquad 6 + 9 = 15$$
$$3 \times 5 = 15 \qquad 1 + 2 + 3 +$$
$$5 + 5 + 5 = 15 \qquad 4 + 5 = 15$$
$$4 + 5 + 6 = 15 \qquad 3 + 5 + 7 = 15$$
$$8 + 7 = 15$$

$$100 - 85 = 15 \qquad 30 \div 2 = 15$$
$$20 - 5 = 15 \qquad 45 \div 3 = 15$$
$$21 - 6 = 15 \qquad 5 \times 12 \div 4 = 15$$
$$22 - 7 = 15 \qquad 3 \times 25 \div 5 = 15$$
$$23 - 8 = 15 \qquad 9 \times 10 \div 6 = 15$$

16

$$10 + 6 = 16 \qquad 2 \times 8 = 16$$
$$15 + 1 = 16 \qquad 4 \times 4 = 16$$
$$100 - 84 = 16 \qquad 2 \times 2 \times 2 \times 2 = 16$$
$$20 - 4 = 16 \qquad 8 \times 2 = 16$$

$$9 + 7 = 16 \qquad 32 \div 2 = 16$$
$$8 + 8 = 16 \qquad 48 \div 3 = 16$$
$$1 + 7 + 3 + 5 = 16 \qquad 64 \div 4 = 16$$
$$1 + 3 + 5 + 7 = 16 \qquad 80 \div 5 = 16$$

$$10 + 7 = 17 \qquad 100 - 83 = 17$$
$$16 + 1 = 17 \qquad 20 - 3 = 17$$
$$9 + 8 = 17 \qquad 17 \times 1 = 17$$

$$21 - 4 = 17 \qquad 24 - 7 = 17$$
$$22 - 5 = 17 \qquad 25 - 8 = 17$$
$$23 - 6 = 17 \qquad 26 - 9 = 17$$

$$10 + 8 = 18 \qquad 2 \times 9 = 18$$
$$17 + 1 = 18 \qquad 3 \times 6 = 18$$
$$9 + 9 = 18 \qquad 6 + 6 + 6 = 18$$
$$3 + 6 + 4 + 5 = 18 \qquad 5 + 6 + 7 = 18$$
$$3 + 4 + 5 + 6 = 18 \qquad 4 + 6 + 8 = 18$$

$$100 - 82 = 18 \qquad 24 - 6 = 18$$
$$20 - 2 = 18 \qquad 30 - 12 = 18$$
$$21 - 3 = 18 \qquad 36 - 18 = 18$$
$$22 - 4 = 18 \qquad 36 \div 2 = 18$$
$$23 - 5 = 18 \qquad 9 \times 6 \div 3 = 18$$

19

10 + 9 = 19   100 − 81 = 19
18 + 1 = 19   20 − 1 = 19
19 × 1 = 19   30 − 11 = 19

21 − 2 = 19   24 − 5 = 19
22 − 3 = 19   25 − 6 = 19
23 − 4 = 19   26 − 7 = 19

20

19 + 1 = 20   11 + 9 = 20
10 + 10 = 20   12 + 8 = 20
2 × 10 = 20   13 + 7 = 20
2 × 2 × 5 = 20   14 + 6 = 20
4 × 5 = 20   15 + 5 = 20

                     5 + 5 + 5 + 5 = 20
5 × 8 ÷ 2 = 20   4 + 4 + 4 +
4 × 15 ÷ 3 = 20   4 + 4 = 20
5 × 12 ÷ 3 = 20   100 − 80 = 20
16 × 5 ÷ 4 = 20   90 − 70 = 20
100 ÷ 5 = 20   80 − 60 = 20

21

$$20 + 1 = 21$$
$$15 + 6 = 21$$
$$1 + 2 + 3 +$$
$$4 + 5 + 6 = 21$$
$$6 + 9 + 6 = 21$$

$$3 \times 7 = 21$$
$$7 + 7 + 7 = 21$$
$$6 + 7 + 8 = 21$$
$$5 + 7 + 9 = 21$$

$$100 - 79 = 21$$
$$30 - 9 = 21$$
$$9 \times 7 \div 3 = 21$$
$$6 \times 7 \div 2 = 21$$

$$14 + 7 = 21$$
$$28 - 7 = 21$$
$$35 - 14 = 21$$
$$42 - 21 = 21$$

22

$$20 + 2 = 22$$
$$21 + 1 = 22$$
$$66 \div 3 = 22$$

$$2 \times 11 = 22$$
$$11 + 11 = 22$$
$$4 + 5 + 6 + 7 = 22$$

$$13 + 9 = 22$$
$$14 + 8 = 22$$
$$15 + 7 = 22$$

$$77 - 55 = 22$$
$$55 - 33 = 22$$
$$88 - 66 = 22$$

23

$$20 + 3 = 23 \qquad 14 + 9 = 23$$
$$22 + 1 = 23 \qquad 15 + 8 = 23$$
$$23 \times 1 = 23 \qquad 16 + 7 = 23$$

$$19 + 4 = 23 \qquad 100 - 77 = 23$$
$$18 + 5 = 23 \qquad 50 - 27 = 23$$
$$17 + 6 = 23 \qquad 30 - 7 = 23$$

24

$$20 + 4 = 24 \qquad 2 \times 12 = 24$$
$$23 + 1 = 24 \qquad 3 \times 8 = 24$$
$$8 + 8 + 8 = 24 \qquad 4 \times 6 = 24$$
$$7 + 8 + 9 = 24 \qquad 1 \times 2 \times 3 \times 4 = 24$$
$$6 + 8 + 10 = 24 \qquad 2 \times 2 \times 2 \times 3 = 24$$

$$30 - 6 = 24 \qquad 8 \times 6 \div 2 = 24$$
$$100 - 76 = 24 \qquad 9 \times 8 \div 3 = 24$$
$$50 - 26 = 24 \qquad 48 \div 6 \times 3 = 24$$
$$33 - 9 = 24 \qquad 30 \div 5 \times 4 = 24$$
$$32 - 8 = 24 \qquad 21 \div 7 \times 8 = 24$$

25

$$20 + 5 = 25 \qquad 5 \times 5 = 25$$
$$24 + 1 = 25 \qquad 5 + 5 + 5 + 5 + 5 = 25$$
$$30 - 5 = 25 \qquad 3 + 4 + 5 + 6 + 7 = 25$$
$$100 - 75 = 25 \qquad 1 + 3 + 5 + 7 + 9 = 25$$

$$19 + 6 = 25 \qquad 50 \div 2 = 25$$
$$18 + 7 = 25 \qquad 75 \div 3 = 25$$
$$17 + 8 = 25 \qquad 100 \div 4 = 25$$
$$16 + 9 = 25 \qquad 25 \div 1 = 25$$

26

$$20 + 6 = 26 \qquad 100 - 74 = 26$$
$$25 + 1 = 26 \qquad 50 - 24 = 26$$
$$26 \times 1 = 26 \qquad 30 - 4 = 26$$

$$52 \div 2 = 26 \qquad 2 \times 13 = 26$$
$$39 - 13 = 26 \qquad 5 + 6 + 7 + 8 = 26$$
$$39 + 13 - 26 = 26 \qquad 13 + 13 = 26$$

27

20 + 7 = 27	3 × 9 = 27
26 + 1 = 27	9 + 9 + 9 = 27
100 − 73 = 27	10 + 9 + 8 = 27
50 − 23 = 27	11 + 9 + 7 = 27
30 − 3 = 27	12 + 9 + 6 = 27
36 − 9 = 27	3 × 3 × 3 = 27
35 − 8 = 27	18 + 9 = 27
34 − 7 = 27	45 − 18 = 27
33 − 6 = 27	54 − 27 = 27
32 − 5 = 27	63 − 36 = 27

28

20 + 8 = 28	2 × 14 = 28
27 + 1 = 28	4 × 7 = 28
30 − 2 = 28	2 × 2 × 7 = 28
56 − 28 = 28	8 × 7 ÷ 2 = 28
100 − 72 = 28	1 + 2 + 3 + 4 +
50 − 22 = 28	5 + 6 + 7 = 28
4 + 6 +	1 + 5 + 9 + 13 = 28
8 + 10 = 28	1 + 6 + 2 + 5 +
10 + 4 +	3 + 4 + 7 = 28
8 + 6 = 28	7 + 7 + 7 + 7 = 28

29

$$20 + 9 = 29 \qquad 100 - 71 = 29$$
$$28 + 1 = 29 \qquad 50 - 21 = 29$$
$$29 \times 1 = 29 \qquad 30 - 1 = 29$$

$$31 - 2 = 29 \qquad 34 - 5 = 29$$
$$32 - 3 = 29 \qquad 35 - 6 = 29$$
$$33 - 4 = 29 \qquad 36 - 7 = 29$$

30

$$3 \times 10 = 30 \qquad 2 \times 15 = 30$$
$$29 + 1 = 30 \qquad 3 \times 10 = 30$$
$$10 + 10 + 10 = 30 \qquad 5 \times 6 = 30$$
$$9 + 10 + 11 = 30 \qquad 2 \times 3 \times 5 = 30$$
$$8 + 10 + 12 = 30 \qquad 60 \div 2 = 30$$
$$5 + 10 + 15 = 30 \qquad 90 \div 3 = 30$$
$$5 + 5 + 5 + \qquad 45 - 15 = 30$$
$$5 + 5 + 5 = 30$$

$$21 + 9 = 30 \qquad 6 + 7 + 8 + 9 = 30$$
$$22 + 8 = 30 \qquad 6 + 9 + 7 + 8 = 30$$
$$23 + 7 = 30 \qquad 15 + 15 = 30$$
$$24 + 6 = 30 \qquad 12 + 3 + 9 + 6 = 30$$
$$25 + 5 = 30 \qquad 3 + 6 + 9 + 12 = 30$$
$$100 - 70 = 30 \qquad 4 + 5 + 6 + 7 + 8 = 30$$
$$90 - 60 = 30 \qquad 6 + 6 + 6 + 6 + 6 = 30$$

31

$$30 + 1 = 31$$
$$21 + 10 = 31$$
$$11 + 20 = 31$$

$$31 \times 1 = 31$$
$$32 - 1 = 31$$
$$1 + 2 + 4 + 8 + 16 = 31$$

$$100 - 69 = 31$$
$$90 - 59 = 31$$
$$40 - 9 = 31$$

$$31 \div 1 = 31$$
$$62 \div 2 = 31$$
$$93 \div 3 = 31$$

32

$$30 + 2 = 32$$
$$31 + 1 = 32$$
$$16 + 16 = 32$$
$$5 + 11 + 7 + 9 = 32$$
$$5 + 7 + 9 + 11 = 32$$

$$2 \times 16 = 32$$
$$4 \times 8 = 32$$
$$2 \times 2 \times 8 = 32$$
$$2 \times 2 \times 2 \times 4 = 32$$
$$2 \times 2 \times 2 \times 2 \times 2 = 32$$

$$100 - 68 = 32$$
$$40 - 8 = 32$$
$$64 - 32 = 32$$
$$48 - 16 = 32$$
$$56 - 24 = 32$$

$$8 \times 8 \div 2 = 32$$
$$6 \times 16 \div 3 = 32$$
$$10 + 6 + 14 + 2 = 32$$
$$2 + 6 + 10 + 14 = 32$$
$$16 \div 2 \times 4 = 32$$

33

$$30 + 3 = 33 \qquad 3 \times 11 = 33$$
$$32 + 1 = 33 \qquad 10 + 11 + 12 = 33$$
$$40 - 7 = 33 \qquad 9 + 11 + 13 = 33$$
$$100 - 67 = 33 \qquad 1 + 11 + 21 = 33$$
$$90 - 57 = 33 \qquad 11 + 22 = 33$$

$$3 + 4 + 5 + 6 +$$
$$7 + 8 = 33$$
$$99 - 66 = 33 \qquad 3 + 8 + 4 + 7 +$$
$$88 - 55 = 33 \qquad 5 + 6 = 33$$
$$77 - 44 = 33 \qquad 11 + 11 + 11 = 33$$
$$66 - 33 = 33 \qquad 99 \div 3 = 33$$
$$55 - 22 = 33 \qquad 99 - 33 - 33 = 33$$

34

$$30 + 4 = 34 \qquad 2 \times 17 = 34$$
$$33 + 1 = 34 \qquad 17 + 17 = 34$$
$$34 \times 1 = 34 \qquad 7 + 8 + 9 + 10 = 34$$
$$34 + 0 = 34 \qquad 4 + 7 + 10 + 13 = 34$$

$$100 - 66 = 34 \qquad 29 + 5 = 34$$
$$40 - 6 = 34 \qquad 28 + 6 = 34$$
$$50 - 16 = 34 \qquad 27 + 7 = 34$$
$$90 - 56 = 34 \qquad 26 + 8 = 34$$

35

$$30 + 5 = 35$$
$$34 + 1 = 35$$
$$40 - 5 = 35$$
$$100 - 65 = 35$$
$$90 - 55 = 35$$

$$5 \times 7 = 35$$
$$7 + 7 + 7 + 7 + 7 = 35$$
$$9 + 8 + 7 + 6 + 5 = 35$$
$$13 + 1 + 10 + 4 + 7 = 35$$
$$1 + 4 + 7 + 10 + 13 = 35$$

$$5 + 5 + 5 + 5 + 5 + 5 + 5 = 35$$
$$2 + 3 + 4 + 5 + 6 + 7 + 8 = 35$$

$$29 + 6 = 35$$
$$28 + 7 = 35$$
$$41 - 6 = 35$$
$$42 - 7 = 35$$
$$49 - 14 = 35$$

$$8 + 2 + 7 + 3 + 6 + 4 + 5 = 35$$
$$15 + 20 = 35$$
$$3 + 5 + 7 + 9 + 11 = 35$$

36

$$30 + 6 = 36$$
$$35 + 1 = 36$$
$$40 - 4 = 36$$
$$100 - 64 = 36$$
$$90 - 54 = 36$$

$$2 \times 18 = 36$$
$$3 \times 12 = 36$$
$$4 \times 9 = 36$$
$$6 \times 6 = 36$$
$$2 \times 2 \times 3 \times 3 = 36$$

$$12 + 12 + 12 = 36$$
$$11 + 12 + 13 = 36$$
$$11 + 1 + 9 + 3 + 7 + 5 = 36$$
$$1 + 3 + 5 + 7 + 9 + 11 = 36$$
$$45 - 9 = 36$$

$$9 + 9 + 9 + 9 = 36$$
$$8 + 1 + 7 + 2 + 6 + 3 + 5 + 4 = 36$$
$$1 + 2 + 3 + 4 + 5 + 6 + 7 + 8 = 36$$
$$54 - 18 = 36$$
$$63 - 27 = 36$$

37

$30 + 7 = 37$
$36 + 1 = 37$
$27 + 10 = 37$

$37 \times 1 = 37$
$74 \div 2 = 37$
$74 - 37 = 37$

$100 - 63 = 37$
$90 - 53 = 37$
$40 - 3 = 37$

$17 + 20 = 37$
$18 + 19 = 37$
$20 - 2 + 20 - 1 = 37$

38

$30 + 8 = 38$
$37 + 1 = 38$
$45 - 7 = 38$

$2 \times 19 = 38$
$20 + 18 = 38$
$76 - 38 = 38$

$100 - 62 = 38$
$90 - 52 = 38$
$40 - 2 = 38$

$8 + 9 + 10 + 11 = 38$
$5 + 8 + 11 + 14 = 38$
$2 + 7 + 12 + 17 = 38$

<table>
<tr><td>39</td><td>

$30 + 9 = 39$

$38 + 1 = 39$

$40 - 1 = 39$
</td></tr>
</table>

39

$30 + 9 = 39 \qquad 3 \times 13 = 39$

$38 + 1 = 39 \qquad 12 + 13 + 14 = 39$

$40 - 1 = 39 \qquad 11 + 13 + 15 = 39$

$100 - 61 = 39 \qquad 45 - 6 = 39$

$90 - 51 = 39 \qquad 42 - 3 = 39$

$52 - 13 = 39 \qquad 26 + 26 - 13 = 39$

40

$4 \times 10 = 40 \qquad 2 \times 20 = 40$

$30 + 10 = 40 \qquad 4 \times 10 = 40$

$10 + 10 + \qquad 5 \times 8 = 40$

$10 + 10 = 40 \qquad 2 \times 2 \times 2 \times 5 = 40$

$50 - 10 = 40 \qquad 8 \times 10 \div 2 = 40$

$100 - 60 = 40 \qquad 16 \div 2 \times 5 = 40$

$90 - 50 = 40$

$7 + 9 + \qquad 8 + 8 + 8 + 8 + 8 = 40$

$11 + 13 = 40 \qquad 6 + 7 + 8 +$

$4 + 8 + \qquad 9 + 10 = 40$

$12 + 16 = 40 \qquad 2 + 5 + 8 +$

$48 - 8 = 40 \qquad 11 + 14 = 40$

$32 + 8 = 40 \qquad 14 + 2 + 11 + 5 + 8 = 40$

$56 - 16 = 40 \qquad 16 + 16 + 8 = 40$

$64 - 24 = 40 \qquad 16 + 24 = 40$

41

$40 + 1 = 41$ $\qquad$ $41 \times 1 = 41$
$30 + 11 = 41$ $\qquad$ $82 \div 2 = 41$
$20 + 21 = 41$ $\qquad$ $82 - 41 = 41$

$100 - 59 = 41$ $\qquad$ $31 + 10 = 41$
$90 - 49 = 41$ $\qquad$ $32 + 9 = 41$
$50 - 9 = 41$ $\qquad$ $33 + 8 = 41$

42

$40 + 2 = 42$ $\qquad$ $2 \times 21 = 42$
$41 + 1 = 42$ $\qquad$ $3 \times 14 = 42$
$50 - 8 = 42$ $\qquad$ $6 \times 7 = 42$
$100 - 58 = 42$ $\qquad$ $2 \times 3 \times 7 = 42$

$13 + 14 + 15 = 42$
$7 + 14 + 21 = 42$
$9 + 10 +$ $\qquad$ $35 + 7 = 42$
$11 + 12 = 42$ $\qquad$ $28 + 14 = 42$
$6 + 9 +$ $\qquad$ $49 - 7 = 42$
$12 + 15 = 42$ $\qquad$ $56 - 14 = 42$

43

$40 + 3 = 43$ $43 \times 1 = 43$
$42 + 1 = 43$ $86 \div 2 = 43$
$33 + 10 = 43$ $86 - 43 = 43$

$100 - 57 = 43$ $23 + 20 = 43$
$90 - 47 = 43$ $13 + 30 = 43$
$50 - 7 = 43$ $21 + 22 = 43$

44

$40 + 4 = 44$ $2 \times 22 = 44$
$43 + 1 = 44$ $4 \times 11 = 44$
$100 - 56 = 44$ $2 \times 2 \times 11 = 44$
$50 - 6 = 44$ $8 \times 11 \div 2 = 44$

$22 + 22 = 44$
$99 - 55 = 44$ $8 + 10 + 12 + 14 = 44$
$88 - 44 = 44$ $9 + 8 + 7 + 6 +$
$77 - 33 = 44$ $5 + 4 + 3 + 2 = 44$
$66 - 22 = 44$ $45 - 1 = 44$

45

$$40 + 5 = 45 \qquad 3 \times 15 = 45$$
$$44 + 1 = 45 \qquad 5 \times 9 = 45$$
$$90 - 45 = 45 \qquad 3 \times 3 \times 5 = 45$$
$$100 - 55 = 45 \qquad 9 \times 10 \div 2 = 45$$
$$50 - 5 = 45 \qquad 6 \times 15 \div 2 = 45$$

$$1 + 2 + 3 + 4 + 5 +$$
$$6 + 7 + 8 + 9 = 45$$
$$15 + 15 + 15 = 45$$
$$75 - 30 = 45 \qquad 5 + 15 + 25 = 45$$
$$60 - 15 = 45 \qquad 7 + 8 + 9 +$$
$$54 - 9 = 45 \qquad 10 + 11 = 45$$
$$63 - 18 = 45 \qquad 5 + 7 + 9 +$$
$$72 - 27 = 45 \qquad 11 + 13 = 45$$

46

$$40 + 6 = 46 \qquad 2 \times 23 = 46$$
$$45 + 1 = 46 \qquad 23 + 23 = 46$$
$$50 - 4 = 46 \qquad 69 - 23 = 46$$

$$100 - 54 = 46 \qquad 10 + 11 + 12 + 13 = 46$$
$$90 - 44 = 46 \qquad 1 + 8 + 15 + 22 = 46$$
$$60 - 14 = 46 \qquad 30 + 16 = 46$$

47

$$40 + 7 = 47 \qquad 47 \times 1 = 47$$
$$46 + 1 = 47 \qquad 94 \div 2 = 47$$
$$45 + 2 = 47 \qquad 94 - 47 = 47$$

$$100 - 53 = 47 \qquad 37 + 10 = 47$$
$$90 - 43 = 47 \qquad 27 + 20 = 47$$
$$50 - 3 = 47 \qquad 17 + 30 = 47$$

48

$$40 + 8 = 48 \qquad 2 \times 24 = 48$$
$$47 + 1 = 48 \qquad 3 \times 16 = 48$$
$$50 - 2 = 48 \qquad 4 \times 12 = 48$$
$$90 - 42 = 48 \qquad 6 \times 8 = 48$$
$$100 - 52 = 48 \qquad 2 \times 2 \times 2 \times$$
$$2 \times 3 = 48$$

$$12 + 12 +$$
$$12 + 12 = 48$$
$$16 + 16 + \qquad 9 + 11 +$$
$$16 = 48 \qquad 13 + 15 = 48$$
$$8 + 16 + \qquad 3 + 9 + 15 + 21 = 48$$
$$24 = 48 \qquad 8 + 8 + 8 + 8 +$$
$$56 - 8 = 48 \qquad 8 + 8 = 48$$
$$72 - 24 = 48 \qquad 3 + 5 + 7 + 9 +$$
$$96 - 48 = 48 \qquad 11 + 13 = 48$$

49

$40 + 9 = 49$
$48 + 1 = 49$
$50 - 1 = 49$
$100 - 51 = 49$

$7 \times 7 = 49$
$7 + 7 + 7 + 7 +$
$7 + 7 + 7 = 49$
$1 + 3 + 5 + 7 +$
$9 + 11 + 13 = 49$
$4 + 5 + 6 + 7 +$
$8 + 9 + 10 = 49$

$56 - 7 = 49$
$63 - 14 = 49$
$70 - 21 = 49$
$98 - 49 = 49$

$7 + 42 = 49$
$14 + 35 = 49$
$21 + 28 = 49$
$77 - 28 = 49$

50

$5 \times 10 = 50$
$49 + 1 = 50$
$100 - 50 = 50$
$90 - 40 = 50$

$2 \times 25 = 50$
$5 \times 10 = 50$
$2 \times 5 \times 5 = 50$
$15 \times 5 \div 3 \times 2 = 50$

$10 + 10 + 10 +$
$10 + 10 = 50$
$8 + 9 + 10 +$

$10 + 40 = 50$
$20 + 30 = 50$
$5 + 10 +$
$15 + 20 = 50$
$10 \times 10 \div 2 = 50$

$11 + 12 = 50$
$6 + 8 + 10 +$
$12 + 14 = 50$
$11 + 12 +$
$13 + 14 = 50$

51

$$50 + 1 = 51 \qquad 3 \times 17 = 51$$
$$41 + 10 = 51 \qquad 17 + 17 + 17 = 51$$
$$31 + 20 = 51 \qquad 16 + 17 + 18 = 51$$

$$100 - 49 = 51 \qquad 21 + 30 = 51$$
$$90 - 39 = 51 \qquad 11 + 40 = 51$$
$$60 - 9 = 51 \qquad 15 + 17 + 19 = 51$$

52

$$50 + 2 = 52 \qquad 2 \times 26 = 52$$
$$51 + 1 = 52 \qquad 4 \times 13 = 52$$
$$60 - 8 = 52 \qquad 2 \times 2 \times 13 = 52$$

$$100 - 48 = 52 \qquad 10 + 12 + 14 + 16 = 52$$
$$26 + 26 = 52 \qquad 1 + 9 + 17 + 25 = 52$$
$$13 + 39 = 52 \qquad 13 + 13 + 13 + 13 = 52$$

53

$$50 + 3 = 53 \qquad 53 \times 1 = 53$$
$$52 + 1 = 53 \qquad 33 + 20 = 53$$
$$43 + 10 = 53 \qquad 23 + 30 = 53$$

$$100 - 47 = 53 \qquad 13 + 40 = 53$$
$$90 - 37 = 53 \qquad 45 + 8 = 53$$
$$60 - 7 = 53 \qquad 53 + 0 = 53$$

54

$$50 + 4 = 54 \qquad 2 \times 27 = 54$$
$$53 + 1 = 54 \qquad 3 \times 18 = 54$$
$$60 - 6 = 54 \qquad 6 \times 9 = 54$$
$$100 - 46 = 54 \qquad 2 \times 3 \times 3 \times 3 = 54$$
$$75 - 21 = 54 \qquad 9 + 9 + 9 + 9 +$$
$$9 + 9 = 54$$

$$12 + 13 + 14 + 15 = 54$$
$$63 - 9 = 54 \qquad 9 + 12 + 15 + 18 = 54$$
$$72 - 18 = 54 \qquad 17 + 18 + 19 = 54$$
$$81 - 27 = 54 \qquad 9 + 18 + 27 = 54$$
$$90 - 36 = 54 \qquad 4 + 6 + 8 + 10 +$$
$$45 + 9 = 54 \qquad 12 + 14 = 54$$

$$50 + 5 = 55 \qquad 5 \times 11 = 55$$
$$54 + 1 = 55 \qquad 11 + 11 + 11 +$$
$$60 - 5 = 55 \qquad 11 + 11 = 55$$
$$100 - 45 = 55 \qquad 9 + 10 + 11 +$$
$$90 - 35 = 55 \qquad 12 + 13 = 55$$
$$7 + 9 + 11 +$$
$$13 + 15 = 55$$
$$15 + 7 + 13 +$$
$$9 + 11 = 55$$

$$99 - 44 = 55 \qquad 3 + 7 + 11 + 15 + 19 = 55$$
$$88 - 33 = 55 \qquad 19 + 3 + 15 + 7 + 11 = 55$$
$$77 - 22 = 55 \qquad 22 + 22 + 11 = 55$$
$$66 - 11 = 55 \qquad 44 + 11 = 55$$
$$55 - 0 = 55 \qquad 33 + 22 = 55$$

$$50 + 6 = 56 \qquad 2 \times 28 = 56$$
$$55 + 1 = 56 \qquad 4 \times 14 = 56$$
$$60 - 4 = 56 \qquad 7 \times 8 = 56$$
$$100 - 44 = 56 \qquad 8 \times 7 = 56$$
$$90 - 34 = 56 \qquad 2 \times 2 \times 2 \times 7 = 56$$
$$63 - 7 = 56 \qquad 6 \times 7 \div 3 \times 4 = 56$$

$$2 + 4 + 6 + 8 +$$
$$10 + 12 + 14 = 56$$
$$5 + 6 + 7 + 8 +$$
$$70 - 14 = 56 \qquad 9 + 10 + 11 = 56$$
$$77 - 21 = 56 \qquad 11 + 5 + 10 + 6 +$$
$$64 - 8 = 56 \qquad 9 + 7 + 8 = 56$$
$$72 - 16 = 56 \qquad 16 + 16 + 16 + 8 = 56$$
$$80 - 24 = 56 \qquad 11 + 13 + 15 + 17 = 56$$
$$88 - 32 = 56 \qquad 8 + 12 + 16 + 20 = 56$$

57

$$50 + 7 = 57 \qquad\qquad 3 \times 19 = 57$$
$$56 + 1 = 57 \qquad\qquad 95 \div 5 \times 3 = 57$$
$$60 - 3 = 57 \qquad\qquad 19 + 19 + 19 = 57$$
$$100 - 43 = 57 \qquad 20 + 20 + 20 - 3 = 57$$

$$76 - 19 = 57 \qquad 18 + 19 + 20 = 57$$
$$95 - 38 = 57 \qquad 17 + 19 + 21 = 57$$
$$38 + 19 = 57 \qquad 16 + 19 + 22 = 57$$
$$40 + 20 - 3 = 57 \qquad 15 + 19 + 23 = 57$$

58

$$50 + 8 = 58 \qquad\qquad 2 \times 29 = 58$$
$$57 + 1 = 58 \qquad\qquad 29 + 29 = 58$$
$$48 + 10 = 58 \qquad 1 + 10 + 19 + 28 = 58$$

$$100 - 42 = 58 \qquad 13 + 14 + 15 + 16 = 58$$
$$90 - 32 = 58 \qquad 10 + 13 + 16 + 19 = 58$$
$$60 - 2 = 58 \qquad 7 + 12 + 17 + 22 = 58$$

59

$$50 + 9 = 59 \qquad 59 \times 1 = 59$$
$$58 + 1 = 59 \qquad 60 - 1 = 59$$

$$100 - 41 = 59 \qquad 49 + 10 = 59$$
$$90 - 31 = 59 \qquad 39 + 20 = 59$$

60

$$6 \times 10 = 60 \qquad 2 \times 30 = 60$$
$$59 + 1 = 60 \qquad 3 \times 20 = 60$$
$$100 - 40 = 60 \qquad 4 \times 15 = 60$$
$$90 - 30 = 60 \qquad 5 \times 12 = 60$$
$$75 - 15 = 60 \qquad 6 \times 10 = 60$$
$$45 + 15 = 60 \qquad 2 \times 2 \times 3 \times 5 = 60$$
$$50 + 10 = 60 \qquad 3 \times 4 \times 5 = 60$$

$$5 + 7 + 9 + 11 +$$
$$54 + 6 = 60 \qquad 13 + 15 = 60$$
$$48 + 12 = 60 \qquad 10 + 11 + 12 + 13 + 14 = 60$$
$$42 + 18 = 60 \qquad 4 + 8 + 12 + 16 + 20 = 60$$
$$36 + 24 = 60 \qquad 12 + 14 + 16 + 18 = 60$$
$$66 - 6 = 60 \qquad 6 + 12 + 18 + 24 = 60$$
$$72 - 12 = 60 \qquad 19 + 20 + 21 = 60$$
$$84 - 24 = 60 \qquad 10 + 20 + 30 = 60$$

인간잠재력개발연구소 주소

이 책을 읽은 후에, 우리에게 연락하고 싶다면 아래의 주소를 참고해 주길 바란다.

중남미권 국가(스페인어)

For Central America (Spanish speaking)
Los Institutos Para El Logro del Potencial Humano,
Sierra Hermosa 326, Los Bosques
Aguascalientes, AGS. 20130 Mexico

- **Tel** 011-52-449-996-0945
- **Fax** 011-52-449-996-0944
- **E-mail** atencion_familias@iahp.org
- **Phone & Whats App Mexico** +52-449-539-3849
- www.iahp.org

남미의 국가들과 포르투갈(포르투갈어)

For South America and Portugal (Portuguese speaking)

- **Fone/Whatsapp** (61)99238-7050, domanbrasil@gmail.com, SCLRN 706/707, Bloco D, Sobre Loja, Asa Norde, Brasilia-DF, CEP:70.740-640

아시아권 국가

For Asia: Glenn Doman Baby Program (Asia)
(Sole Representative of The Institutes for the Achievement of Human Potential, USA in Asia)

- **Website** www.gdbaby.com.sg
- **Online Store** http://www.glenndomanonline.com
- **Contact** +6590224283

그 외 모든 영어권 국가

And for all English-speaking countries and countries not listed below
The Institutes for the Achievement of Human Potential
8801 Stenton Avenue
Wyndmoor, PA 19038 USA

- **Tel** 215-233-2050
- **Fax** 215-233-9312
- **E-mail** Institutes@iahp.org
- www.iahp.org

How to
Teach
Your Baby
Math

옮긴이 김수진

이화여자대학교와 한국외국어대학교 통번역대학원을 졸업한 후 공공기관에서 통번역 활동을 해 왔다. 현재 번역 에이전시 엔터스코리아에서 번역가로 활동하고 있다.
옮긴 책으로는 《데카르트의 아기》, 《선악의 기원》, 《내 아이를 위한 키즈코칭》, 《부모와 아이들》, 《우리 아이가 거짓말을 시작했어요》, 《프랑스 육아의 비밀》, 《우리아이 첫 과학백과》, 《우리 아이 영재 만들기 : 빨간 망토》, 《우리 아이 영재 만들기 : 아기 돼지 삼 형제》, 《나의 작은 탐험가》 등 다수가 있다.

전 세계 가정에 조용한 혁명을 일으킨 자녀교육의 고전

아이에게 수학을 가르치는 방법

초판 1쇄 발행 2026년 3월 31일

지은이 글렌 도만, 재닛 도만
펴낸이 민혜영
펴낸곳 카시오페아
주소 서울특별시 마포구 월드컵로14길 56, 3~5층
전화 02-303-5580 | **팩스** 02-2179-8768
홈페이지 www.cassiopeiabook.com | **전자우편** editor@cassiopeiabook.com
출판등록 2012년 12월 27일 제2014-000277호

ⓒ글렌 도만, 재닛 도만, 2026
ISBN 979-11-6827-436-5 03590